国家出版基金资助项目
现代数学中的著名定理纵横谈丛书
丛书主编　王梓坤

HILBERT ZERO-POINT THEOREM

刘培杰数学工作室　编

内容简介

本书共分9章,分别介绍了Hilbert零点定理、全纯函数芽的Hilbert零点定理、多项式的零点研究、特殊多项式的零点问题、复减上的零点问题、初等数学中的若干例子等内容. 本书从多个方面介绍了Hilbert零点定理的相关理论,内容丰富,叙述详尽.

本书可供高等院校理工科师生及数学爱好者研读.

图书在版编目(CIP)数据

Hilbert零点定理/刘培杰数学工作室编. —哈尔滨:哈尔滨工业大学出版社,2024.3

(现代数学中的著名定理纵横谈丛书)

ISBN 978-7-5603-9057-4

Ⅰ. ①H… Ⅱ. ①刘… Ⅲ. ①零点-定理(数学) Ⅳ. ①O174

中国版本图书馆CIP数据核字(2020)第171112号

HILBERT LINGDIAN DINGLI

策划编辑 刘培杰 张永芹
责任编辑 张永芹 张嘉芮
封面设计 孙茵艾
出版发行 哈尔滨工业大学出版社
社　　址 哈尔滨市南岗区复华四道街10号 邮编150006
传　　真 0451-86414749
网　　址 http://hitpress.hit.edu.cn
印　　刷 辽宁新华印务有限公司
开　　本 787 mm×960 mm 1/16 印张15.25 字数153千字
版　　次 2024年3月第1版 2024年3月第1次印刷
书　　号 ISBN 978-7-5603-9057-4
定　　价 98.00元

⊙代序

读书的乐趣

你最喜爱什么——书籍.

你经常去哪里——书店.

你最大的乐趣是什么——读书.

这是友人提出的问题和我的回答.真的,我这一辈子算是和书籍,特别是好书结下了不解之缘.有人说,读书要费那么大的劲,又发不了财,读它做什么?我却至今不悔,不仅不悔,反而情趣越来越浓.想当年,我也曾爱打球,也曾爱下棋,对操琴也有兴趣,还登台伴奏过.但后来却都一一断交,“终身不复鼓琴”.那原因便是怕花费时间,玩物丧志,误了我的大事——求学.这当然过激了一些.剩下来唯有读书一事,自幼至今,无日少废,谓之书痴也可,谓之书橱也可,管它呢,人各有志,不可相强.我的一生大志,便是教书,而当教师,不多读书是不行的.

读好书是一种乐趣,一种情操;一种向全世界古往今来的伟人和名人求教的方法，一种和他们展开讨论的方式；一封出席各种活动、体验各种生活、结识各种人物的邀请信；一张迈进科学宫殿和未知世界的入场券；一股改造自己、丰富自己的强大力量．书籍是全人类有史以来共同创造的财富，是永不枯竭的智慧的源泉．失意时读书，可以使人重整旗鼓；得意时读书，可以使人头脑清醒；疑难时读书，可以得到解答或启示；年轻人读书，可明奋进之道；年老人读书，能知健神之理．浩浩乎！洋洋乎！如临大海，或波涛汹涌，或清风微拂，取之不尽，用之不竭．吾于读书，无疑义矣，三日不读，则头脑麻木，心摇摇无主．

潜能需要激发

我和书籍结缘，开始于一次非常偶然的机会．大概是八九岁吧，家里穷得揭不开锅，我每天从早到晚都要去田园里帮工．一天，偶然从旧木柜阴湿的角落里，找到一本蜡光纸的小书，自然很破了．屋内光线暗淡，又是黄昏时分，只好拿到大门外去看．封面已经脱落，扉页上写的是《薛仁贵征东》．管它呢，且往下看．第一回的标题已忘记，只是那首开卷诗不知为什么至今仍记忆犹新：

日出遥遥一点红，飘飘四海影无踪．

三岁孩童千两价，保主跨海去征东．

第一句指山东，二、三两句分别点出薛仁贵（雪、人贵）．那时识字很少，半看半猜，居然引起了我极大的兴趣，同时也教我认识了许多生字．这是我有生以来独立看的第一本书．尝到甜头以后，我便千方百计去找书，向小朋友借，到亲友家找，居然断断续续看了《薛丁山征西》《彭公案》《二度梅》等，樊梨花便成了我心中的女英雄. 我真入迷了. 从此, 放牛也罢, 车水也罢, 我总要带一本书, 还练出了边走田间小路边读书的本领, 读得津津有味, 不知人间别有他事.

当我们安静下来回想往事时, 往往会发现一些偶然的小事却影响了自己的一生. 如果不是找到那本《薛仁贵征东》, 我的好学心也许激发不起来. 我这一生, 也许会走另一条路. 人的潜能, 好比一座汽油库, 星星之火, 可以使它雷声隆隆、光照天地; 但若少了这粒火星, 它便会成为一潭死水, 永归沉寂.

抄, 总抄得起

好不容易上了中学, 做完功课还有点时间, 便常光顾图书馆. 好书借了实在舍不得还, 但买不到也买不起, 便下决心动手抄书. 抄, 总抄得起. 我抄过林语堂写的《高级英文法》, 抄过英文的《英文典大全》, 还抄过《孙子兵法》, 这本书实在爱得狠了, 竟一口气抄了两份. 人们虽知抄书之苦, 未知抄书之益, 抄完毫末俱见, 一览无余, 胜读十遍.

始于精于一, 返于精于博

关于康有为的教学法, 他的弟子梁启超说: "康先生之教, 专标专精、涉猎二条, 无专精则不能成, 无涉猎则不能通也." 可见康有为强烈要求学生把专精和广博(即"涉猎")相结合.

在先后次序上, 我认为要从精于一开始. 首先应集中精力学好专业, 并在专业的科研中做出成绩, 然后逐步扩大领域, 力求多方面的精. 年轻时, 我曾精读杜布(J. L. Doob)的《随机过程论》, 哈尔莫斯(P. R. Halmos)的《测度论》等世界数学名著, 使我终身受益. 简言之, 即"始于精于一, 返于精于博". 正如中国革命一样,必须先有一块根据地,站稳后再开创几块,最后连成一片.

丰富我文采,澡雪我精神

辛苦了一周,人相当疲劳了,每到星期六,我便到旧书店走走,这已成为生活中的一部分,多年如此.一次,偶然看到一套《纲鉴易知录》,编者之一便是选编《古文观止》的吴楚材.这部书提纲挈领地讲中国历史,上自盘古氏,直到明末,记事简明,文字古雅,又富于故事性,便把这部书从头到尾读了一遍.从此启发了我读史书的兴趣.

我爱读中国的古典小说,例如《三国演义》和《东周列国志》.我常对人说,这两部书简直是世界上政治阴谋诡计大全.即以近年来极时髦的人质问题(伊朗人质、劫机人质等),这些书中早就有了,秦始皇的父亲便是受害者,堪称"人质之父".

《庄子》超尘绝俗,不屑于名利.其中"秋水""解牛"诸篇,诚绝唱也.《论语》束身严谨,勇于面世,"己所不欲,勿施于人",有长者之风.司马迁的《报任少卿书》,读之我心两伤,既伤少卿,又伤司马;我不知道少卿是否收到这封信,希望有人做点研究.我也爱读鲁迅的杂文,果戈理、梅里美的小说.我非常敬重文天祥、秋瑾的人品,常记他们的诗句:"人生自古谁无死,留取丹心照汗青""休言女子非英物,夜夜龙泉壁上鸣".唐诗、宋词、《西厢记》《牡丹亭》,丰富我文采,澡雪我精神,其中精粹,实是人间神品.

读了邓拓的《燕山夜话》,既叹服其广博,也使我动了写《科学发现纵横谈》的心.不料这本小册子竟给我招来了上千封鼓励信.以后人们便写出了许许多多的“纵横谈”.

从学生时代起,我就喜读方法论方面的论著.我想,做什么事情都要讲究方法,追求效率、效果和效益,方法好能事半而功倍.我很留心一些著名科学家、文学家写的心得体会和经验.我曾惊讶为什么巴尔扎克在51年短短的一生中能写出上百本书,并从他的传记中去寻找答案.文史哲和科学的海洋无边无际,先哲们的明智之光沐浴着人们的心灵,我衷心感谢他们的恩惠.

读书的另一面

以上我谈了读书的好处,现在要回过头来说说事情的另一面.

读书要选择.世上有各种各样的书:有的不值一看,有的只值看20分钟,有的可看5年,有的可保存一辈子,有的将永远不朽.即使是不朽的超级名著,由于我们的精力与时间有限,也必须加以选择.决不要看坏书,对一般书,要学会速读.

读书要多思考.应该想想,作者说得对吗?完全吗?适合今天的情况吗?从书本中迅速获得效果的好办法是有的放矢地读书,带着问题去读,或偏重某一方面去读.这时我们的思维处于主动寻找的地位,就像猎人追找猎物一样主动,很快就能找到答案,或者发现书中的问题.

有的书浏览即止,有的要读出声来,有的要心头记住,有的要笔头记录.对重要的专业书或名著,要勤做笔记,“不动笔墨不读书”.动脑加动手,手脑并用,既可加深理解,又可避忘备查,特别是自己的灵感,更要及时抓住.清代章学诚在《文史通义》中说:“札记之功必不可少,如不札记,则无穷妙绪如雨珠落大海矣.”

许多大事业、大作品,都是长期积累和短期突击相结合的产物.涓涓不息,将成江河;无此涓涓,何来江河?

爱好读书是许多伟人的共同特性,不仅学者专家如此,一些大政治家、大军事家也如此.曹操、康熙、拿破仑、毛泽东都是手不释卷,嗜书如命的人.他们的巨大成就与毕生刻苦自学密切相关.

王梓坤

目录

第1章　引言　//1

§1　从一道高考试题的解法谈起　//1

§2　Gerschgorin 圆盘定理　//11

第2章　Hilbert 零点定理　//19

§1　Noether 环,准素分解,极大理想　//19

§2　代数簇,Hilbert 零点定理(Ⅰ)　//22

§3　Noether 的正规化定理　//23

§4　代数簇,Hilbert 零点定理(Ⅱ)　//27

第3章　全纯函数芽的 Hilbert 零点定理　//36

§1　全纯函数的局部环　//36

§2　Hilbert 零点定理　//48

第4章　多项式的零点研究　//64

§1　随机系数代数方程实根的平均个数的界　//64

§2　多项式在无穷远附近可以有多小?　//72

第5章　特殊函数的零点　//102

§1　Bessel 函数的零点问题　//102

§2　当 $t\to\infty$ 时,$J_0(t)$ 的渐近性质　//105

§3　变摆长的单摆运动　//110

第 6 章 零点的分布 //115

§1 $P_n(\cos\theta)$的零点分布 //115

第 7 章 特殊多项式的零点问题 //139

§1 $P_n(x)$的零点分布 //139

第 8 章 复减上的零点问题 //164

§1 微分多项式$f^kQ[f]+P[f]$的零点分布 //164

§2 例外配合 //177

§3 微分多项式的零点及其相关的正规定则 //180

第 9 章 初等数学中的若干例子 //198

§1 一道函数零点问题的求解及探源 //198

§2 对一道质检题的解法探究及拓展 //205

§3 一类函数零点平均值处导数符号问题的探究 //213

§4 例析函数零点问题的求解策略 //226

§5 两道自主招生与竞赛试题 //232

引言

第1章

§1　从一道高考试题的解法谈起

在工程和科学技术中许多问题常常归结为求解非线性方程 $f(x)=0$，所以必须研究求解非线性方程

$$f(x)=0 \qquad (1)$$

的数值方法，其中 $f(x)$ 是变量 x 的非线性函数.

定义1　(1)若存在 x^* 使 $f(x^*)=0$，则称 x^* 为方程(1)的根，或称为函数 $f(x)$ 的零点；

(2)当 $f(x)$ 为多项式时，即

$$f(x)=a_0+a_1x+\cdots+a_nx^n \quad (a_n\neq 0)$$

称 $f(x)=0$ 为代数方程，否则称为超越方程；

(3)若 $f(x)$ 可分解为

$$f(x)=(x-x^*)^m g(x)$$

其中 $0<|g(x^*)|<\infty$，m 为正整数，则称

x^*为$f(x)$的m重零点. 当$m=1$时,称x^*为$f(x)$的单重零点或单根.

设有一个变量的函数方程

$$f(x)=0 \tag{2}$$

其中$f(x)$为$[a,b]$上的连续函数,且$f(a)f(b)<0$,于是由连续函数的性质知,方程(2)在$[a,b]$中至少有一个实根,为简单起见,设存在唯一实根x^*. 零点存在定理不仅在高等数学中有重要作用,在初等数学中也很重要.

问题1 (2016年高考山东卷(理)第20题)已知函数$f(x)=a(x-\ln x)+\dfrac{2x-1}{x^2}, a\in \mathbf{R}$.

(1)讨论$f(x)$的单调性;

(2)当$a=1$时,证明$f(x)>f'(x)+\dfrac{3}{2}$对任意的$x\in[1,2]$成立.

证明 (1)答案:

当$a\leqslant 0$时,$f(x)$在$(0,1)$内单调递增,在$(1,+\infty)$内单调递减;

当$0<a<2$时,$f(x)$在$(0,1)$内单调递增,在$\left(1,\sqrt{\dfrac{2}{a}}\right)$内单调递减,在$\left(\sqrt{\dfrac{2}{a}},+\infty\right)$内单调递增;

当$a=2$时,$f(x)$在$(0,+\infty)$内单调递增;

当$a>2$时,$f(x)$在$\left(0,\sqrt{\dfrac{2}{a}}\right)$内单调递增,在$\left(\sqrt{\dfrac{2}{a}},1\right)$内单调递减,在$(1,+\infty)$内单调递增.

(2)当 $a=1$ 时,$f(x)=x-\ln x+\frac{2}{x}-\frac{1}{x^2}$,$f'(x)=1-\frac{1}{x}-\frac{2}{x^2}+\frac{2}{x^3}$,要证 $f(x)>f'(x)+\frac{3}{2}$ 对任意 $x\in[1,2]$ 成立,只需证 $x-\ln x+\frac{3}{x}+\frac{1}{x^2}-\frac{2}{x^3}-\frac{5}{2}>0$ 对任意 $x\in[1,2]$ 成立.

证法1　设 $F(x)=x-\ln x+\frac{3}{x}+\frac{1}{x^2}-\frac{2}{x^3}-\frac{5}{2}$,则只需证当 $x\in[1,2]$ 时,$[F(x)]_{\min}>0$,$F'(x)=1-\frac{1}{x}-\frac{3}{x^2}-\frac{2}{x^3}+\frac{6}{x^4}=\frac{x^4-x^3-3x^2-2x+6}{x^4}$. 设 $u(x)=x^4-x^3-3x^2-2x+6$,则

$$u'(x)=4x^3-3x^2-6x-2$$

$$u''(x)=12x^2-6x-6=6(x-1)(2x+1)\geqslant 0$$

所以 $u'(x)$ 在 $[1,2]$ 上递增,$u'(1)\leqslant u'(x)\leqslant u'(2)$,即 $-7\leqslant u'(x)\leqslant 6$.

由零点存在性定理及单调性知,存在唯一 $x_0\in(1,2)$,使得 $u'(x_0)=0$,且当 $x\in(1,x_0)$ 时,$u'(x)<0$,从而 $u(x)$ 单调递减;当 $x\in(x_0,2)$ 时,$u'(x)>0$,从而 $u(x)$ 单调递增,所以 $[u(x)]_{\min}=u(x_0)$,又 $u(1)=1$,$u(2)=-2$,所以 $u(x_0)<u(2)<0$.

再由零点存在性定理及单调性知,存在唯一 $x_1\in(1,x_0)$,使得 $u(x_1)=0$,且当 $x\in(1,x_1)$ 时,$u(x)>0$,从而 $F'(x)>0$,$F(x)$ 单调递增;当 $x\in(x_1,2)$ 时,$u(x)<0$,从而 $F'(x)<0$,$F(x)$ 单调递减,所以 $[F(x)]_{\min}=\min\{F(1),F(2)\}$,而 $F(1)=\frac{1}{2}>0$,

$F(2)=1-\ln 2>0$,所以$[F(x)]_{\min}>0$.

(郑良;刘宜兵,郑修凤;邹生书;张业山,苏凡文;孙丙虎)

证法2 设$g(x)=x-\ln x, h(x)=\frac{3}{x}+\frac{1}{x^2}-\frac{2}{x^3}-\frac{5}{2}$,于是只需证$g(x)+h(x)>0$对任意$x\in[1,2]$成立. 若$[g(x)]_{\min}=g(x_1)$,$[h(x)]_{\min}=h(x_2)$,则只需证$g(x_1)+h(x_2)>0$,且$x_1\neq x_2$.

当$x\in[1,2]$时,$g'(x)=1-\frac{1}{x}=\frac{x-1}{x}\geqslant 0$,所以$g(x)$单调递增,$g(x)\geqslant g(1)=1$.

$h'(x)=-\frac{3}{x^2}-\frac{2}{x^3}+\frac{6}{x^4}=\frac{-3x^2-2x+6}{x^4}$,设$\varphi(x)=-3x^2-2x+6$,则$\varphi(x)$在区间$[1,2]$上递减,而$\varphi(1)=1,\varphi(2)=-10$.

由零点存在性定理及单调性知,存在唯一$x_0\in(1,2)$,使得$\varphi(x_0)=0$. 于是当$x\in(1,x_0)$时,$\varphi(x)<0$,从而$h'(x)<0$,$h(x)$单调递减;当$x\in(x_0,2)$时,$\varphi(x)>0$,从而$h'(x)>0$,$h(x)$单调递增,所以$[h(x)]_{\min}=\min\{h(1),h(2)\}$,而$h(1)=-\frac{1}{2}$,$h(2)=-1$,所以$[h(x)]_{\min}=h(2)=-1$.

由上可知,当$x\in[1,2]$时,$g(x)\geqslant 1$,当且仅当$x=1$时等号成立;$h(x)\geqslant -1$,当且仅当$x=2$时等号成立,所以$g(x)+h(x)>0$.

(苏凡文;郑良;邹生书;陈兵)

证法3　由(1)知函数在区间$[1,\sqrt{2})$上递减,在区间$(\sqrt{2},2]$上递增,故

$$[f(x)]_{\min}=f(\sqrt{2})=\sqrt{2}-\ln\sqrt{2}+\frac{2\sqrt{2}-1}{2}$$

而

$$f'(x)+\frac{3}{2}=\frac{5}{2}-\frac{x^2+2x-2}{x^3}$$

若令$g(x)=\frac{5}{2}-\frac{x^2+2x-2}{x^3}$,则有

$$g'(x)=\frac{x^2+4x-6}{x^4}$$

故存在$x_0\in[1,2]$,使得函数在区间$[1,x_0)$上单调递减,在区间$(x_0,2]$上单调递增,则

$$[g(x)]_{\max}=\max\{g(1),g(2)\}$$

其中$g(1)=\frac{3}{2},g(2)=\frac{7}{4}$.

因为

$$\begin{aligned}&[f(x)]_{\min}-[g(x)]_{\max}\\&=\sqrt{2}-\ln\sqrt{2}+\frac{2\sqrt{2}-1}{2}-\frac{7}{4}\\&=2\sqrt{2}-\frac{9}{4}-\frac{1}{2}\ln 2\\&\geqslant 2.82-2.25-\frac{1}{2}\ln 2\\&\geqslant\frac{1}{2}(1-\ln 2)>0\end{aligned}$$

即可证得$f(x)>f'(x)+\frac{3}{2}$.

（张业山；卫小国；苏凡文；孙丙虎；杨华文；高国军；邹青；冯恒仁）

证法 4 因为 $\ln x\leqslant x-1$（当且仅当 $x=1$ 时等号成立），所以 $f(x)\geqslant 1+\frac{2x-1}{x^2}$（当且仅当 $x=1$ 时等号成立）.

对于任意的 $x\in[1,2]$，有

$$\begin{aligned}G(x)&=1+\frac{2x-1}{x^2}-\left(\frac{5}{2}-\frac{x^2+2x-2}{x^3}\right)\\&=-\frac{3}{2}+\frac{3x^2+x-2}{x^3}\\&=\frac{(-3x^2+2)(x-2)}{2x^3}\geqslant 0\end{aligned}$$

（当且仅当 $x=2$ 时等号成立）即可得 $f(x)>f'(x)+\frac{3}{2}$.

（杨华文；卫小国；郭兴甫）

证法 5 $f(x)-f'(x)-\frac{3}{2}$

$$\begin{aligned}&=x-\ln x+\frac{2x-1}{x^2}-\left(1-\frac{1}{x}-\frac{2}{x^2}+\frac{2}{x^3}\right)-\frac{3}{2}\\&=x-\ln x+\frac{3}{x}+\frac{1}{x^2}-\frac{2}{x^3}-\frac{5}{2}\end{aligned}$$

先证当 $1\leqslant x\leqslant 2$ 时，$\ln x\leqslant x-1$，当且仅当 $x=1$ 时取等号. 因为 $(\ln x-x+1)'=\frac{1}{x}-1=\frac{1-x}{x}\leqslant 0$，所以 $\ln x-x+1\leqslant \ln 1-1+1=0$，$\ln x\leqslant x-1$ 成立.

当 $1\leqslant x\leqslant 2$ 时

$$f(x)-f'(x)-\frac{3}{2}\geqslant 1+\frac{3}{x}+\frac{1}{x^2}-\frac{2}{x^3}-\frac{5}{2}$$

$$=\left(\frac{3}{x}-\frac{3}{2}\right)+\left(\frac{1}{x^2}-\frac{2}{x^3}\right)$$

$$=\frac{3(2-x)}{2x}+\frac{x-2}{x^3}$$

$$=\frac{(2-x)(3x^2-2)}{2x^3}\geqslant 0$$

当且仅当 $x=2$ 时取等号，所以 $f(x)-f'(x)-\frac{3}{2}>0$，

即 $f(x)>f'(x)+\frac{3}{2}$.

（高国军；杨华文；张敬允）

证法6　当 $a=1$ 时

$$f(x)>f'(x)+\frac{3}{2}$$

$$\Leftrightarrow x+\frac{3}{x}+\frac{1}{x^2}-\frac{2}{x^3}-\frac{5}{2}>\ln x$$

易证 $\ln x\leqslant x-1$，当且仅当 $x=1$ 时等号成立. 要证 $x+\frac{3}{x}+\frac{1}{x^2}-\frac{2}{x^3}-\frac{5}{2}>\ln x$，只需证明 $x+\frac{3}{x}+\frac{1}{x^2}-\frac{2}{x^3}-\frac{5}{2}\geqslant x-1$，即证明 $3x^3-6x^2-2x+4\leqslant 0$，只需证明 $(3x^2-2)(x-2)\leqslant 0$.

由 $1\leqslant x\leqslant 2$ 得 $(3x^2-2)(x-2)\leqslant 0$，等号当且仅当 $x=2$ 时成立. 由于等号不能同时取到，所以 $f(x)>f'(x)+\frac{3}{2}$ 对于任意的 $x\in[1,2]$ 成立.

（刘才华）

下面再看两个深入点的问题：

问题 2 试证：对于多项式

$$P(x)=a_nx^n+a_{n-1}x^{n-1}+\cdots+a_0 \quad (a_n\neq 0)$$

的每一个零点 x_0，有估计式

$$|x_0|\leqslant \max\left\{1,\sum_{v=0}^{n-1}\left|\frac{a_v}{a_n}\right|\right\}$$

证明 我们有

$$\begin{aligned}|a_nx^n+\cdots+a_0|&=|a_nx^n|\cdot|1+b_1x^{-1}+b_2x^{-2}+\cdots+b_nx^{-n}|\\&\geqslant|a_nx^n|\cdot||1-|b_1x^{-1}+b_2x^{-2}+\cdots+b_nx^{-n}||\end{aligned}$$

其中令 $b_i=\frac{a_{n-i}}{a_n}$. 当 $|x|>1$ 及 $|x|>\sum_{i=1}^{n}|b_i|$ 时，有

$$\begin{aligned}&|b_1x^{-1}+\cdots+b_nx^{-n}|\\&\leqslant|x^{-1}||b_1+b_2x^{-1}+\cdots+b_nx^{-n+1}|\\&\leqslant|x|^{-1}\{|b_1|+|b_2||x|^{-1}+\cdots+|b_n||x|^{-n+1}\}\\&<|x|^{-1}\sum_{i=1}^{n}|b_i|<1\end{aligned}$$

所以有 $1-|b_1x^{-1}+\cdots+b_nx^{-n}|>0$，对于 x 这样的值，即满足 $|x|>\max\left\{1,\sum_{v=0}^{n-1}\left|\frac{a_v}{a_n}\right|\right\}$ 时，就有 $|P(x)|>0$. 因此，这样的 x 不会是零点，所以零点都满足所说的估计公式.

问题 3 试证：奇次多项式至少具有一个实的零点.

证明 像在前一个问题中那样，使用同样的符号和估计公式，当

$$|x|>\max\left\{1,\sum_{v=0}^{n-1}\left|\frac{a_v}{a_n}\right|\right\}=M$$

时，有

$$\frac{P(x)}{a_n x^n} = 1 + b_1 x^{-1} + \cdots + b_n x^{-n} \geqslant 1 - \sum_{i=1}^{n} b_i x^{-i} > 0$$

所以，当 $x > M$ 时，有

$$\operatorname{sgn} P(x) = \operatorname{sgn} a_n$$

而当 $x < -M$ 时，有

$$\operatorname{sgn} P(x) = (-1)^n \operatorname{sgn} a_n$$

如果 n 是奇数（且 $a_n \neq 0$），那么就存在正的和负的函数值，而由连续函数的介值定理，就推得存在一个零点.

下面再举一例说明如何用多项式零点的方法判定一个数是超越数. 因为超越数有一个定义就是它不是任何一个整系数多项式的零点.

问题4　证明下述 Hermite（埃尔米特）定理：数 e，即

$$\mathrm{e} = \lim_{n\to\infty}\left(1 + \frac{1}{n}\right)^n$$

不满足如下具有不全为零的整系数关系式

$$c_0 + c_1\mathrm{e} + c_2\mathrm{e}^2 + \cdots + c_m\mathrm{e}^m = 0 \qquad (3)$$

（换一个说法：e 是超越数.）

证明　设 e 是具有不全为零的整系数 $c_0, c_1, \cdots, c_m$ 的多项式 $c_0 + c_1 x + c_2 x^2 + \cdots + c_m x^m$ 的根，我们来证明这个假设将得出矛盾.

假定 f 是 n 次多项式，那么 $f^{(n+1)} = 0$，反复利用分部积分法得出

$$\int_0^b f(x)\mathrm{e}^{-x}\mathrm{d}x = -\mathrm{e}^{-x}\{f(x) + f'(x) + \cdots + f^{(n)}(x)\}\Big|_0^b$$

令 $F(x)=f(x)+f'(x)+\cdots+f^{(n)}(x)$,则

$$\mathrm{e}^b F(0) = F(b) + \mathrm{e}^b \int_0^b f(x)\mathrm{e}^{-x}\mathrm{d}x \tag{4}$$

在式(4) 中依次取 $b = 0,1,2,\cdots,m$,并把所得到的等式分别乘以 $c_0,c_1,c_2,\cdots,c_m$,然后把这些关系式加起来,并利用式 (3)得出

$$0 = c_0F(0) + c_1F(1) + \cdots + c_mF(m) + \sum_{j=1}^{m} c_j\mathrm{e}^j\int_0^j f(x)\mathrm{e}^{-x}\mathrm{d}x \tag{5}$$

根据前面的假设,上式对每个整系数多项式 f 都必定成立. 但是,我们可以证明:事实上存在这样一个 f 使得式(5)不成立,这样就证明了我们的论断. 为此,令

$$f(x)=\frac{1}{(p-1)!}x^{p-1}(x-1)^p(x-2)^p\cdots(x-m)^p$$

这里 p 是大于 m 与$|c_0|$的奇素数. 这个多项式的大于或等于 p 阶的导数具有能被 p 整除的整系数,这可由 p 个相邻整数的积可被 $p!$ 整除这一事实直接推出. 因为当 $x=1,2,\cdots,m$ 时,多项式 f 及其前 $p-1$ 阶导数为 0,所以 $F(1),F(2),\cdots,F(m)$ 是 p 的倍数,但是对 $F(0)$来说,情况是不一样的. 因为当 $x=0$ 时,$f(x)$的前 $p-2$ 阶导数为 0,所以

$$F(0)=f^{(p-1)}(0)+f^{(p)}(0)+\cdots$$

成立. 从第二项开始,各项都是 p 的倍数,但由于

$$f^{(p-1)}(0)=[(-1)^m m!]^p$$

故 $F(0)$不可能被 p 整除. 因为 p 是大于 m 与$|c_0|$的素数,所以特别推出 c_0 不可能被 p 整除. 因此,式(5)中第一个和数

$$c_0F(0)+c_1F(1)+\cdots+c_mF(m)$$

不可能被 p 整除,从而不可能等于0. 现在我们把注意力转到式(5)的第二个和数. 在区间$[0,m]$上,显然有

$$|f(x)|<\frac{1}{(p-1)!}m^{p-1}m^pm^p\cdots=\frac{m^{mp+p-1}}{(p-1)!}$$

因此

$$\left|\int_0^j f(x)\mathrm{e}^{-x}\mathrm{d}x\right|<\frac{m^{mp+p-1}}{(p-1)!}\int_0^j\mathrm{e}^{-x}\mathrm{d}x<\frac{m^{mp+p-1}}{(p-1)!}$$

令 $C=|c_0|+|c_1|+\cdots+|c_m|$,得出

$$\left|\sum_{j=1}^m c_j\mathrm{e}^j\int_0^j f(x)\mathrm{e}^{-x}\mathrm{d}x\right|>C\mathrm{e}^m\frac{m^{mp+p-1}}{(p-1)!}=C\mathrm{e}^m\frac{(m^{m+1})^p}{m(p-1)!}$$

当 $n\to\infty$ 时最后的因式趋于0. 于是,当 p 足够大时,式(5)中第二个和数的绝对值可以任意小. 换句话说,只要 p 充分大,式(5)右边的全部和数不可能等于0. 这样就得出了矛盾.

§2 Gerschgorin 圆盘定理

引理1 n 次多项式

$$P_n(x)=a_0+a_1x+\cdots+a_nx^n\quad(a_n\neq0)$$

的 n 个根 $x_1,x_2,\cdots,x_n$(可以有重根)都是系数 $a_0,a_1,\cdots,a_n$ 的连续函数.

证明 对任意小的正数 ε,在复平面上以 $x_1,x_2,\cdots,x_n$ 为圆心,ε 为半径画 n 个圆 $\Gamma_1,\Gamma_2,\cdots,\Gamma_n$(有重根时相应的圆也重合在一起). 不妨设在这些圆的圆周 $\partial\Gamma_1,\partial\Gamma_2,\cdots,\partial\Gamma_n$ 上,$P_n(x)\neq0$(否则将 ε 取得更小一

些即可). 现由连续函数的性质,$P_n(x)$在每一圆周$\partial\Gamma_i$上达到其最小值,即有$\tilde{x}_i \in \partial\Gamma_i$,使得对所有的 $x \in \partial\Gamma_i$有

$$|P_n(x)| \geqslant |P_n(\tilde{x}_i)| = m_i$$

显然 $m_i > 0$,从而 $m = \min\limits_{1 \leqslant i \leqslant n} m_i > 0$.

现考虑系数为$\tilde{a}_0, \tilde{a}_1, \cdots, \tilde{a}_n$ 的多项式

$$\tilde{P}_n(x) = \tilde{a}_0 + \tilde{a}_1 x + \cdots + \tilde{a}_n x^n$$

显然

$$\tilde{P}_n(x) = P_n(x) + (\tilde{a}_0 - a_0) + (\tilde{a}_1 - a_1)x + \cdots + (\tilde{a}_n - a_n)x^n$$

设 R 充分大,使 $\Gamma_1, \Gamma_2, \cdots, \Gamma_n$ 均含于圆$|x| \leqslant R$ 内,则对任一$\partial\Gamma_i$ 上的任一点 x,多项式

$$Q(x) = (\tilde{a}_0 - a_0) + (\tilde{a}_1 - a_1)x + \cdots + (\tilde{a}_n - a_n)x^n$$

有

$$|Q(x)| \leqslant |\tilde{a}_0 - a_0| + |\tilde{a}_1 - a_1|R + \cdots + (\tilde{a}_n - a_n)R^n$$

故若

$$\delta = \max_{0 \leqslant j \leqslant n} |\tilde{a}_j - a_j|$$

则

$$|Q(x)| = \delta \frac{R^{n+1} - 1}{R - 1}$$

因此只要

$$\delta < \frac{m}{\dfrac{R^{n+1} - 1}{R - 1}}$$

就有

$$|Q(x)| < m \leqslant |P_n(x)|$$

这样由 Rouché(鲁歇)定理,$\widetilde{P}_n(x) = P_n(x) + Q(x)$和$P_n(x)$在$\Gamma_i$内有相同个数的零点,亦即$\widetilde{P}_n$的零点$\tilde{x}_1$,$\tilde{x}_2,\cdots,\tilde{x}_n$也依次在$\Gamma_1,\Gamma_2,\cdots,\Gamma_n$内,从而

$$|\tilde{x}_i - x_i| < \varepsilon \quad (i=1,2,\cdots,n)$$

引理证毕.

定理1 矩阵的特征值为其元素的连续函数.

证明 由矩阵的特征多项式的系数为矩阵的元素的连续函数,再由引理1即得.

这个连续性定理,以后会常常用到,因此在此作为定理特别提出,并为了完整起见,连同引理1一并加以证明.

定理2(Gerschgorin(盖尔)圆盘定理) n阶方阵$\boldsymbol{A}=(a_{ij})$的n个特征值$\lambda_1,\lambda_2,\cdots,\lambda_n$都在$n$个圆盘

$$|z - a_{ii}| \leqslant R_i \quad (i=1,2,\cdots,n) \tag{6}$$

的和集上,此处$R_i = \sum\limits_{j \neq i} |a_{ij}|$(这里和$\sum\limits_{j \neq i}$以后均表示对所有可能取的不等于$i$的$j$求和).

证明 设λ为$\lambda_1,\lambda_2,\cdots,\lambda_n$之一,其相应的特征向量为$\boldsymbol{x}=(x_1,x_2,\cdots,x_n)^{\mathrm{T}}$,又设$|x_{i_0}| = \max\limits_i |x_i|$,则$|x_{i_0}|>0$,现由$\boldsymbol{Ax}=\lambda\boldsymbol{x}$即得

$$|\lambda - a_{i_0i_0}||x_{i_0}| = |(\lambda - a_{i_0i_0})x_{i_0}| = \left|\sum_{j \neq i_0} a_{i_0j}x_j\right|$$

$$\leqslant \sum_{j \neq i_0} |a_{i_0j}||x_j| \leqslant |x_{i_0}|\left(\sum_{j \neq i_0} |a_{i_0j}|\right) = |x_{i_0}|R_{i_0} \tag{7}$$

故λ在圆盘$|z - a_{i_0i_0}| \leqslant R_{i_0}$上,当然也在式(6)的$n$个

圆盘的和集上,定理证毕.

由此定理,若将 $\boldsymbol{A}$ 的不在主对角线上的所有元素 a_{ij} 换成 εa_{ij},ε 满足 $0\leqslant\varepsilon\leqslant 1$,利用特征值关于矩阵元素的连续性容易证明,若式(6)的 n 个圆盘中有 k 个圆盘,其和集与其他 $n-k$ 个圆盘的和集没有公共点,则这两个和集上刚好分别有 k 个和 $n-k$ 个特征值(重特征值按重数计算).

推论 1　设 $\rho(\boldsymbol{A})$ 为矩阵 $\boldsymbol{A}$ 的谱半径(即特征值的最大模 $\max\limits_i|\lambda_i|$),则

$$\rho(\boldsymbol{A})\leqslant\max_i\sum_j|a_{ij}| \tag{8}$$

证明　若某特征值 λ 在第 k 个圆盘上,则

$$|\lambda-a_{kk}|\leqslant\sum_{j\neq k}|a_{kj}|$$

从而

$$|\lambda|\leqslant|a_{kk}|+\sum_{j\neq k}|a_{kj}|=\sum_j|a_{kj}|\leqslant\max_i\sum_j|a_{ij}|$$

$$\rho(\boldsymbol{A})=\max_i|\lambda_i|\leqslant\max_i\sum_j|a_{ij}|$$

证毕.

实际上,式(8)右端就是矩阵 $\boldsymbol{A}$ 的最大模 $\|\boldsymbol{A}\|_\infty$(亦称为最大范或最大范数).

定理 3　设 n 阶方阵 $\boldsymbol{A}=(a_{ij})$ 不可约,$\boldsymbol{A}$ 有一特征值 λ 在式(6)的 n 个圆盘的和集的边界上,则式(6)的 n 个圆盘的圆周都经过 λ.

证明　按定理 2 的证明得到式(7),从而有 $|\lambda-a_{i_0i_0}|\leqslant R_{i_0}$,但现在 λ 在式(6)的和集的边界上,当然也在第 i_0 个圆盘的边界上,故有

$$|\lambda - a_{i_0 i_0}| = R_{i_0}$$

从而式(7)首尾相等,因为式(7)中各式均相等,由此有

$$\sum_{j \neq i_0} |a_{i_0 j}| (|x_{i_0}| - |x_j|) = 0$$

但$|x_{i_0}| \geqslant |x_j| (\forall j)$,而由 **A** 的不可约性至少有一个 j 使$|a_{i_0 j}| \neq 0$,从而由上式,对这个 j 必有

$$|x_j| = |x_{i_0}| = \max_i |x_i|$$

将此 j 作为定理2 证明中的 i_0 导出相应的式(7),从而得到 λ 在第 j 个圆盘的圆周上,现对任意的 $j, j \neq i_0$,有 $i_1, i_2, \cdots, i_s$ 使

$$a_{i_0 i_1} a_{i_1 i_2} \cdots a_{i_{s-1} i_s} a_{i_s j} \neq 0$$

这样可依次得出 λ 在第 $i_1, i_2, \cdots, i_s$ 和第 j 个圆盘的圆周上,由 j 的任意性,定理得证.

推论2　设 n 阶方阵 $\boldsymbol{A} = (a_{ij})$ 不可约,一数 λ 在式(6)的 n 个圆盘的和集的边界上,但至少有一个圆盘的圆周不经过 λ,则 λ 必定不是 **A** 的特征值.

证明　由定理3用反证法即得.

实际上推论2是定理3的另一种说法,但一般用推论2的说法,例如:

推论3　若 **A** 为严格对优或不可约对优,则 **A** 为非奇异矩阵.

注　本书所谓的严格对优,即严格对角优势或称强对角优势,其定义是

$$|a_{ii}| > \sum_{j \neq i} |a_{ij}| \quad (i = 1, 2, \cdots, n)$$

又不可约对优的定义为 **A** 不可约

$$|a_{ii}| \geqslant \sum_{j \neq i} |a_{ij}| \quad (i = 1,2,\cdots,n)$$

且至少有一个 i 使上式取严格不等号.

由上面的定理 3 和推论 2 即知 0 不是 $\boldsymbol{A}$ 的特征值,从而证明了推论 3.

推论 4 若 $\boldsymbol{A}$ 为实阵,其主对角线元素 a_{ii} 均为正,又 $\boldsymbol{A}$ 为严格对优或不可约对优,则 $\det \boldsymbol{A} > 0$.

证明 因 $\boldsymbol{A}$ 为实数,故特征多项式的系数均为实数,再由定理 2 和推论 2 知 $\boldsymbol{A}$ 的特征值 $\lambda_1,\lambda_2,\cdots,\lambda_n$ 只能是正数和复数,而复特征值必成对出现,从而

$$\det \boldsymbol{A} = \prod_{i=1}^{n} \lambda_i > 0$$

证毕.

推论 5 若 $\boldsymbol{A}$ 为 Hermite 阵(即 $\boldsymbol{A}$ 的共轭转置阵 A^{H} 等于 $\boldsymbol{A}$),a_{ii} 均为正,又 $\boldsymbol{A}$ 为严格对优或不可约对优,则 $\boldsymbol{A}$ 为正定.

证明 因 $\boldsymbol{A}$ 为 Hermite 阵,故特征值 λ_i 均为实数,从而由定理 2 或推论 2 知 λ_i 均为正,故 $\boldsymbol{A}$ 为正定,证毕.

这里正定的定义是对 n 维复向量空间的任意的向量 $\boldsymbol{x} \neq \boldsymbol{0}$,都有

$$(\boldsymbol{Ax},\boldsymbol{x}) > 0 \tag{9}$$

此处 $(\boldsymbol{Ax},\boldsymbol{x}) = \sum_{i,j=1}^{n} a_{ij} \tilde{x}_j x_i$ 为向量 $\boldsymbol{Ax}$ 和 $\boldsymbol{x}$ 的内积,若对 n 维实向量空间的任意的向量 $\boldsymbol{x} \neq \boldsymbol{0}$,都有式(9)成立,则称 $\boldsymbol{A}$ 为正实阵,显然正定阵必为正实阵,反之不然. 在由偏微分方程或常微分方程导出的线性代数方

程组中,其系数矩阵常常是正实阵而非正定阵,同样可定义非负定阵(即式(9)改为$(\boldsymbol{Ax},\boldsymbol{x})\geqslant 0$)和非负实阵,可以证明:

(1)$\boldsymbol{A}$ 为 Hermite 阵的充分必要条件为对 n 维复向量空间的任一向量 $\boldsymbol{x}$,$(\boldsymbol{Ax},\boldsymbol{x})$均为实数.

(2)当 $\boldsymbol{A}$ 为 Hermite 阵,则

$$\max_{x\neq 0}\frac{(\boldsymbol{Ax},\boldsymbol{x})}{(\boldsymbol{x},\boldsymbol{x})}=\max_i \lambda_i,\ \min_{x\neq 0}\frac{(\boldsymbol{Ax},\boldsymbol{x})}{(\boldsymbol{x},\boldsymbol{x})}=\min_i \lambda_i \quad (10)$$

由此可知,$\boldsymbol{A}$ 为正定的充分必要条件为 $\boldsymbol{A}$ 的特征值 $\lambda_1,\lambda_2,\cdots,\lambda_n$ 均为正.

(3)$\boldsymbol{A}$ 为正实阵的充分必要条件为 $\boldsymbol{A}+\boldsymbol{A}^{\mathrm{T}}$ 为实阵且为正定阵.

(4)若 $\boldsymbol{A}$ 为正定,则存在唯一的正定矩阵 $\boldsymbol{B}$(记为 $\boldsymbol{A}^{\frac{1}{2}}$),使 $\boldsymbol{B}^2=\boldsymbol{A}$.

(5)若 $\boldsymbol{A}$ 为正定,则对任一非奇异矩阵 $\boldsymbol{L}$,$\boldsymbol{LAL}^{\mathrm{H}}$ 为正定.

对非负定阵和非负实阵可得完全类似的结果. 以上各条读者可自己证明.

现设 $\boldsymbol{A}$ 为非奇异方阵,其主对角线元素 a_{11},a_{22},$\cdots$,a_{nn}所成对角阵为 $\boldsymbol{D}$(常表示为 $\boldsymbol{D}=\mathrm{diag}\ \boldsymbol{A}$ 或 $\boldsymbol{D}=\mathrm{diag}(a_{11},a_{22},\cdots,a_{nn})$),设 $\boldsymbol{D}$ 非奇异(即 a_{ii}均不为零),又记 $\boldsymbol{C}=\boldsymbol{D}-\boldsymbol{A}$,则解方程组 $\boldsymbol{Ax}=\boldsymbol{f}$ 的 Jacobi(雅可比)迭代为

$$\boldsymbol{Dx}^{(s+1)}=\boldsymbol{Cx}^{(s)}+\boldsymbol{f}\quad (s=0,1,\cdots) \qquad (11)$$

推论6　若 $\boldsymbol{A}$ 为严格对优或不可约对优,则 Jacobi 迭代式(11)收敛.

证明 由于$\boldsymbol{D}^{-1}\boldsymbol{C}$的主对角线元素均为零,而同行元素绝对值之和严格小于1(当$\boldsymbol{A}$为严格对优时),或有某些等于1但至少有一行小于1(当$\boldsymbol{A}$为不可约对优时,此时$\boldsymbol{D}^{-1}\boldsymbol{C}$不可约),故$\boldsymbol{D}^{-1}\boldsymbol{C}$的特征值均在以原点为圆心、半径小于或至多等于1的一些同心圆的和集上(亦即在最大的圆上),且由定理2和推论2知,特征值不能在单位圆周上,故$\boldsymbol{D}^{-1}\boldsymbol{C}$的特征值的模均小于1,因此$\boldsymbol{D}^{-1}\boldsymbol{C}$的谱半径$\rho(\boldsymbol{D}^{-1}\boldsymbol{C})$小于1,故Jacobi迭代收敛.

Hilbert 零点定理

第2章

§1 Noether 环,准素分解,极大理想

在讨论理想时,我们考虑具有幺元的交换环 A 中的理想. 设 B 为 A 的子集,又设 $u_1,\cdots,u_m$ 属于 B,而 $a_1,\cdots,a_m$ 是 A 中的任意元素,则所有的和 $a_1u_1+\cdots+a_mu_m$ 构成一个理想 J. B 的元素称为 J 的生成元;如果 B 只有有限个元素,则称 J 为有限生成的. 若一个环中的每个理想都是有限生成的,那么这个环就称为 Noether(诺特)环——为了纪念德国数学家 A. E. Noether. 我们已经知道,环 $\mathbf{Z}$ 具有这个性质,并且当 A 是域时,$A[x]$也具有这个性质. 事实上,这些环的每个理想都是由单个元素生成的. 一旦有了一个 Noether 环以后,我们还可以构造出许多 Noether 环. Hilbert(希尔伯特)在 1888 年证明了环论的一个基本结果:它的证明并不困难,但是太长,因而这里不再叙述.

这个结果可以表述如下：

定理 1 若 A 是 Noether 环，则多项式环 $A[x_1,\cdots,x_n]$ 也都是 Noether 环.

假设 $J\neq A$ 是 A 中的理想. 若 $ab\in J\Rightarrow a\in J$ 或 $b\in J$，则称 J 为素理想. 若 $ab\in J\Rightarrow a\in J$ 或 $b^n\in J$ 对于某个整数 n 成立，则称 J 为准素理想. 当 $A=\mathbf{Z}$ 时，素理想和准素理想分别是形如 $\mathbf{Z}p$ 及 $\mathbf{Z}p^m$ 的理想，其中 p 是素数或零，而 m 是正整数. 一个自然数可分解为素数的幂这个定理，在 Noether 环 A 中有一个突出的类似定理：每个不等于 A 的理想 J 都是有限个准素理想的交集. 不过理想理论的这个方面，我们在此不拟讨论. 我们现在转而讨论一类特殊的素理想——极大理想.

当 A 的理想 J 是素理想时，就意味着剩余环 $B=A\backslash J$ 是一个整环. 事实上，由上述定义可知，$B\neq 0$，并且如果 ξ 与 η 都属于 B 而 $\xi\eta=0$，那么 $\xi=0$ 或者 $\eta=0$. 当 $B\neq 0$ 是域时，就意味着理想 J 是极大的；这就是说，包含 J 的理想 $I(I\neq A)$ 只能是 J 本身. 事实上，假设 a 属于 A，而且 $\xi=a+J$ 是 B 中相应的剩余类. 当 ξ 具有一个逆元 $\eta=b+J$ 时，就意味着 ab 可以写成 $1+c$，其中 c 属于 J，从而 a 和 J 就一起生成整个环. 因此，在 B 中每个 $\xi\neq 0$ 都有一个逆元，这正好表明 A 中不属于 J 的任何元素 a 都能与 J 一起生成整个环，换句话说，J 是极大理想.

如果 K 是一个域，而 $c_1,\cdots,c_n$ 是 K 中的固定元素，那么 $A=K[x_1,\cdots,x_n]$ 中所有满足 $P(c_1,\cdots,c_n)=0$ 的多项式 P 就构成一个极大理想. 事实上，J 不为零，

也不包含1;如果 $Q \in A$,且 $Q \notin J$,则 $c = Q(c_1, \cdots, c_n) \neq 0 \in K$,而 $Q - c \in J$. 因此 $1 = c^{-1}Q - c^{-1}(Q - c)$ 是由 J 及 Q 生成的理想,从而必定是整个 A. 现在我们应用上面的引理来证明:如果 $K = \mathbf{C}$,那么所有的极大理想都是这种类型. 事实上,假设 J 是 A 中的一个极大理想,并设 $e = 1 + J, \xi_1 = x_1 + J, \cdots, \xi_n = x_n + J$ 为其剩余类,那么域 $A \backslash J$ 中每个元素都是系数取自域 $\mathbf{C}e$ 中的 $\xi_1, \cdots, \xi_n$ 的多项式. 因此,由上述引理即知,$A \backslash J$ 中的每个 ξ 都满足一个代数方程 $S(\xi e) = 0$,其中

$$S = x^m + a_{m-1}x^{m-1} + \cdots + a_0$$

是复系数多项式. 因为我们是在复数域中讨论,所以我们可以把 S 写成乘积 $(x - b_1)\cdots(x - b_m)$,其中 $b_1, \cdots, b_m$ 是 S 的零点. 因此 $S(\xi e) = (\xi - eb_1)\cdots(\xi - eb_m) = 0$;但 $A \backslash J$是一个域,所以对于某个 k 必有 $\xi = b_k e$. 特别地,存在复数 $c_1, \cdots, c_n$,使得 $\xi_1 = c_1 e, \cdots, \xi_n = c_n e$,从而对于 A 中的任意多项式 P,都有 $P(\xi_1, \cdots, \xi_n) = eP(c_1, \cdots, c_n)$. 于是由前面的注解就得出了我们的结论.

现在我们基本上已经可以讨论零点定理了,但我们还要提一下极大理想的一个重要的性质.

定理2 在具有幺元的交换环中,每个不等于整个环的理想都包含在某个极大理想中.

证明 我们只对Noether环来做证明. 设 J 为已给的理想,并假定它不包含在任何极大理想中. 此时我们就可以求出一个严格递增的无穷理想链 $J \subset J_1 \subset J_2 \subset \cdots$,其中任何一个都不等于整个环. 这些理想的并集也是一个理想,而它必定是有限生成的.

§2 代数簇,Hilbert 零点定理(Ⅰ)

假设 K 是交换域,而 P 是 $K[x_1,\cdots,x_n]$ 中的一个多项式.所谓 P 的零点,就是 K 中的元素所成的 n 元组 $c_1,\cdots,c_n$,使得 $P(c_1,\cdots,c_n)=0$. 由一个或者几个多项式的一切公共零点所组成的集合称为代数簇.显然,一组多项式的所有公共零点也是这些多项式所生成的理想的零点.因此,我们可以只讨论理想的零点,也就是指这个理想的所有多项式的公共零点.上面我们已经看到,$\mathbf{C}[x_1,\cdots,x_n]$ 中的每个极大理想都有一个零点.把这个命题和第 1 章 §1 中的定理 2 结合起来,就得到:

Hilbert 零点定理 环 $\mathbf{C}[x_1,\cdots,x_n]$ 中的不具有零点的非空理想必定是整个环.

用稍微通俗一点的语言来叙述就是:如果 $P_1,\cdots,P_m$ 是复系数 n 变量多项式,并设它们没有公共零点,那么必定存在这样的多项式 $Q_1,\cdots,Q_m$,使得 $1=Q_1P_1+\cdots+Q_mP_m$. 特别地,取 $m=n=1$ 时就意味着,若单变量复系数多项式没有复零点,它就必然是一个不等于零的常数.因此,这个定理便是代数学基本定理的推广.最后,我们还要推出下面一个十分重要的命题,它也称为 Hilbert 零点定理:假设 $P,P_1,\cdots,P_m$ 是如上的多项式,并设 P 在 $P_1,\cdots,P_m$ 的所有公共零点处都等于 0,那么必定存在这样的多项式 $Q_1,\cdots,Q_m$ 和

一个整数 $k(k>0)$,使得

$$P^k = Q_1P_1 + \cdots + Q_mP_m$$

为了证明这个命题,我们注意到,环 $A=\mathbf{C}[x_0,\cdots,x_n]$ 中的多项式 $P_0=1-x_0P, P_1,\cdots,P_m$ 没有任何公共零点,因而在这个环中必定存在多项式 $Q'_0,\cdots,Q'_m$,使得 $1=Q'_0P_0+\cdots+Q'_mP_m$. 但这个等式在 A 的商域中也成立,因此,如果 $P\neq 0$(当 $P=0$ 时定理显然成立),令 $x_0=\dfrac{1}{P}$,并用 P 的足够高阶的幂去乘,就得到所要的结果.

§3 Noether 的正规化定理

定理 1(Noether 的正规化定理) 设 F 是一个域,R 是 F 上有限个元素 $x_1,\cdots,x_n$ 生成的环,那么存在 $y_1,\cdots,y_m\in R(m\leqslant n)$,使得以下两个条件被满足:

(1)$y_1,\cdots,y_m$ 在 F 上代数无关;

(2)R 在子整环 $F[y_1,\cdots,y_m]$上是整的.

证明 对 n 做数学归纳法. $n=1$ 时,$R=F[x_1]$. 如果 x_1 是 F 上的超越元,那么就取 $y_1=x_1$;如果 x_1 在 F 上是代数元,那么这时 $m=0$.

设 $n>1$,若 $x_1,\cdots,x_n$ 在 F 上代数无关,则 $m=n$,$y_i=x_i(1\leqslant i\leqslant m=n)$. 定理已成立. 现在设 $x_1,\cdots,x_n$ 在 F 上代数相关,于是存在 F 上 n 个不定元 $X_1,\cdots,X_n$ 的多项式

$$f(X_1,\cdots,X_n)=\sum_{(i)=(i_2,\cdots,i_n)}a_{(i)}x_1^{i_1}\cdots x_n^{i_n}\neq 0$$

使得$f(x_1,\cdots,x_n)=0$.

取定一个正整数t,使得t大于出现在f里的一切指数组$(i)=(i_1,\cdots,i_n)$的每一个分量. 由整数的带余除法,每一个整数s可以唯一地表示成t进整数

$$s=r_1+r_2t+\cdots+r_kt^{k-1}\quad(0\leqslant r_i<t)$$

现在令$z_i=x_i-x_1^{t^{i-1}}$,则

$$x_i=z_i+x_1^{t^{i-1}}\quad(2\leqslant i\leqslant n)$$

代入$f(x_1,\cdots,x_n)=0$中,我们有

$$\sum_{(i)}a_{(i)}x_1^{i_1}(z_2+x_1^t)^{i_2}\cdots(z_n+x_1^{t^{n-1}})^{i_n}=0$$

整理以后,上式可以写成

$$\sum_{(i)}a_{(t)}x_1^{i_1+i_2t+\cdots+i_nt^{n-1}}+g(x_1,z_2,\cdots,z_n)=0\quad(1)$$

这里$g(x_1,z_2,\cdots,z_n)$是一个多项式,它的每一项至少含有某一个z_i.

根据t的取法,如果$(i)=(i_1,\cdots,i_n)\neq(j)=(j_1,\cdots,j_n)$是$f$中两个不同的指数组,那么

$$i_1+i_2t+\cdots+i_nt^{n-1}\neq j_1+j_2t+\cdots+j_nt^{n-1}$$

因此,在对应于f的指数组$(i)=(i_1,\cdots,i_n)$的正整数$i_1+i_2t+\cdots+i_nt^{n-1}$中,有唯一的最大数$s$. 设$s=p_1+p_2t+\cdots+p_nt^{n-1}$对应于指数组$(p)=(p_1,\cdots,p_n)$. 于是式(1)可以写成

$$ax_1^s+\sum_{j<s}u_j(z_2,\cdots,z_n)x_1^j=0$$

这里$a=a_{(p)}\neq 0,u_j(z_2,\cdots,z_n)\in F[z_2,\cdots,z_n]$. 两边乘以$a^{-1}$得

$$x_1^s + \sum_{j<s} a^{-1} u_j(z_2, \cdots, z_n) x^j = 0$$

所以 x_1 是 $F[z_2, \cdots, z_n]$ 上的整元. 又 $x_i = z_i + x_1^{t^{i-1}}$ $(2 \leqslant i \leqslant n)$, 所以 $x_i (2 \leqslant i \leqslant n)$ 也是 $F[z_2, \cdots, z_n]$ 上的整元. 这样 $R = F[x_1, \cdots, x_n]$ 是环 $F[z_2, \cdots, z_n]$ 上的整扩环.

由归纳法的假设, 存在 $y_1, \cdots, y_m \in F[z_2, \cdots, z_n]$, $m \leqslant n-1$, 使得 $y_1, \cdots, y_m$ 在 F 上代数无关, 并且 $F[z_2, \cdots, z_n]$ 在 $F[y_1, \cdots, y_m]$ 上是整的. 于是得 $R = F[x_1, \cdots, x_n]$ 在 $F[y_1, \cdots, y_m]$ 上是整的. 定理被证明.

如果域 F 含有无限多个元素, 那么定理 1 还可以进一步精确化.

定理 2　设 F 是一个无限域, $R = F[x_1, \cdots, x_n]$ 是一个整环, 那么存在 $y_1, \cdots, y_m \in R (m \leqslant n)$, 使得下列条件被满足:

(1) $y_1, \cdots, y_m$ 在 F 上代数无关;

(2) R 在子整环 $F[y_1, \cdots, y_m]$ 上是整的;

(3) 每一个 y_i 可以表示成 $y_i = \sum_{j=1}^{n} c_{ij} x_j (c_{ij} \in F)$ 的形式, $1 \leqslant i \leqslant m$.

证明　对 n 做数学归纳法. $n = 1$ 时定理成立. 设 $n > 1$. 若 $x_1, \cdots, x_n$ 在 F 上代数无关, 则取 $y_i = x_i (1 \leqslant i \leqslant m = n)$, 这时定理自然成立. 设 $x_1, \cdots, x_n$ 在 F 上代数相关, 于是存在 $F[X_1, \cdots, X_n]$ 的非零多项式

$$f(X_1, \cdots, X_n) = \sum_{(i)} a_{(i)} X_1^{i_1} \cdots X_n^{i_n} \neq 0$$

使得 $f(x_1, \cdots, x_n) = 0$. 取 $c_2, \cdots, c_n \in F$. 令 $z_i = x_i - c_i x_1$, 则

$$x_i = z_i + c_i x_1 \quad (2 \leqslant i \leqslant n)$$

这里 $c_2, \cdots, c_m \in F$ 以后再确定，代入 $f(x_1, \cdots, x_n) = 0$，得

$$\sum_{(i)} a_{(i)} x_1^{i_1} (z_2 + c_2 x_1)^{i_2} \cdots (z_n + c_n x_1)^{i_n} = 0$$

整理以后得

$$\sum_{(i)} a_{(i)} c_2^{i_2} \cdots c_n^{i_n} x_1^{i_1 + i_2 + \cdots + i_n} + g(x_1, z_2, \cdots, z_n) = 0$$

这里 $g(x_1, z_2, \cdots, z_n) \in F[x_1, z_2, \cdots, z_n]$，并且每一项至少含有某一个 z_i.

上面的等式左边第一项是 x_1 的多项式. 设其次数为 s，$s = \max\limits_{(i)}(i_1 + i_2 + \cdots + i_n)$. 注意到 $g(x_1, z_2, \cdots, z_n)$ 中，x_1 的次数都小于 s，所以上式可以写成

$$a(c_2, \cdots, c_n) x_1^s + \sum_{j<s} u_j(z_2, \cdots, z_n) x_1^j = 0$$

这里 $a(Y_2, \cdots, Y_n)$ 是 F 上 $n-1$ 个不定元 $Y_2, \cdots, Y_n$ 的一个多项式

$$a(Y_2, \cdots, Y_n) = \sum_{k_1 + k_2 + \cdots + k_n = s} b_{k_1, \cdots, k_n} Y_2^{k_2} \cdots Y_n^{k_n} \qquad (2)$$

因为 F 是无限域，所以总存在 $c_2, \cdots, c_n \in F$，使得 $a(c_2, \cdots, c_n) \neq 0$. 取定一组 $c_2, \cdots, c_n \in F$，使得 $c = a(c_2, \cdots, c_n) \neq 0$. 用 c^{-1}乘以式(2)的两端得

$$x_1^s + \sum_{j<s} c^{-1} u_j(z_2, \cdots, z_n) x_1^j = 0$$

所以 x_1 是 $F[z_2, \cdots, z_n]$上的整元，从而 $x_i = z_i + c_i x_1$ $(2 \leqslant i \leqslant n)$ 也是 $F[z_2, \cdots, z_n]$上的整元. 因此，$R = F[x_1, \cdots, x_n]$在 $F[z_2, \cdots, z_n]$上是整的.

由归纳法假设，存在 $y_1, \cdots, y_m$ $(m \leqslant n-1) \in F[z_2, \cdots, z_n]$，使得：

(1)$y_1,\cdots,y_m$ 在 F 上代数无关;

(2)$F[z_2,\cdots,z_n]$在 $F[y_1,\cdots,y_m]$上是整的;

(3) $y_i = \sum_{j=2}^{n} d_{ij}z_j(d_{ij} \in F,1 \leqslant i \leqslant m)$.

R 在 $F[y_1,\cdots,y_m]$ 上是整的. 由于 $z_j = x_j - c_jx_1$ $(2\leqslant j\leqslant n)$,所以

$$y_i = \sum_{j=1}^{n} c_{ij}x_j,c_{ij} \in F \quad (1 \leqslant i \leqslant m)$$

定理被证明.

§4 代数簇,Hilbert 零点定理

求一组多项式的公共零点问题是代数学的中心问题. 这个问题还未能解决. 在高等代数里曾经讨论了这个问题的两个最简单的情形,就是某一个数域上 n 元一次多项式组(线性方程组)和一元 n 次多项式的情形. 在这一节里,我们将讨论一组多项式的公共零点的存在问题.

设 K 是一个域. 为简单起见,在这一节中,我们假定 K 是代数闭域,令

$$K^n = \{(x_1,\cdots,x_n) \mid x_i \in K\}$$

是 K 上的 n 维向量空间,称为 K 上的 n 维仿射空间. K^n 中的元素叫作点. 令 $K[X_1,\cdots,X_n]$是 K 上 n 个不定元的多项式环. 为简单起见,我们把 $K[X_1,\cdots,X_n]$简记作 $K[X]$,把 $f(X_1,\cdots,X_n)$简记作 $f(X)$,把 K^n 中的

向量$(x_1,\cdots,x_n)$简记作(x),把$f(X)$在$(x)=(x_1,\cdots,x_n)$的值$f(x_1,\cdots,x_n)$简记作$f(x)$.

设 S 是 $K[X]$的一个子集. 令

$$V(S)=\{(x)\in K^n \mid f(x)=0,\forall f\in S\}$$

$V(S)$叫作 K^n 中一个仿射代数簇,或简称为代数簇.

令 a 是 S 在 $K[x]$内所生成的理想. 那么显然有

$$V(S)=V(a)$$

设 M 是 K^n 的一个子集. 令

$$I(M)=\{f\in K[X] \mid f(x)=0,\forall (x)\in M\}$$

那么 $I(M)$是 $K[X]$的一个理想.

关于运算 V 和 I,以下性质成立.

定理 1 运算 V 和运算 I 有下列性质:

(1)$I(K^n)=(0)$;$I(\varnothing)=(1)=K[X]$;

(2)对于 K^n 的每一个子集 M 来说,有

$$I(M)=\sqrt{I(M)}$$

(3)对于每一个代数簇 $A\subseteq K^n$,我们有

$$V(I(A))=A$$

(4)设 A_1,A_2 是 K 上两个代数簇,则有

$$A_1\subseteq A_2\Leftrightarrow I(A_1)\supseteq I(A_2)$$

并且

$$A_1\subsetneqq A_2\Leftrightarrow I(A_1)\supsetneqq I(A_2)$$

(5)设 M_1,M_2 是 K^n 的两个子集,则

$$I(M_1\cup M_2)=I(M_1)\cap I(M_2)$$

(6)设 a,b 是 $K[X]$的两个理想,则

$$V(a\ b)=V(a\cap b)=V(a)\cup V(b)$$

(7)设$\{a_\lambda\}(\lambda\in\Lambda)$是 $K[X]$的一族理想,令

$$\sum_{\lambda} \mathfrak{a}_{\lambda} = \{ \sum_{\lambda} f_{\lambda}(\text{有限和}) \mid f_{\lambda} \in \mathfrak{a}_{\lambda}, \lambda \in \Lambda \}$$

是$\{\mathfrak{a}_{\lambda}\}(\lambda \in \forall \Lambda)$所生成的理想，则

$$V(\sum \mathfrak{a}_{\lambda}) = \bigcap_{\lambda} V(\mathfrak{a}_{\lambda})$$

(8) 设$\{M_{\lambda}\}(\lambda \in \Lambda)$是 K^n 的一族子集，则

$$I(\bigcup_{\lambda} M_{\lambda}) = \bigcap_{\lambda} I(M_{\lambda})$$

证明　(1) 显然 $I(\varnothing) = (1) = K[X]$. 因为 K 是代数闭域，所以是无限域，这样就有 $I(K^n) = (0)$.

(2) 只需证 $\sqrt{I(M)} \subseteq I(M)$. 设 $f \in \sqrt{I(M)}$，则存在正整数 m，使得 $f^m \in I(M)$. 于是 $f^m(x) = 0, \forall (x) \in M$，从而 $f(x) = 0, \forall (x) \in M$. 所以 $f \in I(M)$.

(3) 显然 $A \subseteq V(I(A))$，反之，设 A 是 $K[X]$ 的某一个子集 S 的公共零点的集，则 $S \subseteq I(A)$，于是 $A = V(S) \supseteq V(I(A))$.

(4) 若 $A_1 \subseteq A_2$，那么显然 $I(A_1) \supseteq I(A_2)$. 反之，若 $I(A_1) \supseteq I(A_2)$，那么由 (3) 知，$A_1 = V(I(A_1)) \subseteq V(I(A_2)) = A_2$. 由此很容易得出第二个论断.

(5) $M_i \subseteq M_1 \cup M_2$，所以 $I(M_1 \cup M_2) \subseteq I(M_i)$，$i = 1,2$. 从而 $I(M_1 \cup M_2) \subseteq I(M_1) \cap I(M_2)$. 反之，设 $f \notin I(M_1 \cup M_2)$，那么存在 $(x) \in M_1 \cup M_2$，使得 $f(x) \neq 0$. 于是 $f \notin I(M_1)$ 或 $f \notin I(M_2)$，从而 $f \notin I(M_1) \cap I(M_2)$.

(6) 因为 $\mathfrak{a}\,\mathfrak{b} \subseteq \mathfrak{a} \cap \mathfrak{b} \subseteq \mathfrak{a}, \mathfrak{b}$. 所以

$$V(\mathfrak{a}\,\mathfrak{b}) \supseteq V(\mathfrak{a} \cap \mathfrak{b}) \supseteq V(\mathfrak{a}) \cup V(\mathfrak{b})$$

反之，设 $(x) \notin V(\mathfrak{a}) \cup V(\mathfrak{b})$，则 $(x) \notin V(\mathfrak{a})$，且 $(x) \notin V(\mathfrak{b})$. 于是存在 $f \in \mathfrak{a}, g \in \mathfrak{b}$，使得 $f(x) \neq 0, g(x) \neq 0$，从而 $fg(x) \neq 0$. 然而 $fg \in \mathfrak{a}\,\mathfrak{b}$. 所以 $(x) \notin V(\mathfrak{a}\mathfrak{b})$.

(7) $\sum_{\lambda} \mathfrak{a}_{\lambda} \supseteq \mathfrak{a}_{\lambda}, \forall \lambda \in \Lambda$. 所以 $V(\sum_{\lambda} \mathfrak{a}_{\lambda}) \subseteq \bigcap_{\lambda} V(\mathfrak{a}_{\lambda})$. 反之,设$(x) \notin V(\sum_{\lambda} \mathfrak{a}_{\lambda})$,那么存在$f \in \sum_{\lambda} \mathfrak{a}_{\lambda}$,使得$f(x) \neq 0$. 设$f = \sum_{i=1}^{s} f_i, f_i \in \mathfrak{a}_{\lambda_i}, \lambda_i \in \Lambda$,那么至少存在一个$f_i(x) \neq 0$. 从而$(x) \notin \mathfrak{a}_{\lambda_i}$,对某一$\lambda_i \in \Lambda$. 所以$(x) \notin \bigcap_{\lambda} V(\mathfrak{a}_{\lambda})$.

(8)与(7)的证明类似.

设 $\mathfrak{a}$ 是 $K[X]$ 的一个理想. 如果 $\mathfrak{a} = \sqrt{\mathfrak{a}}$,那么就称 $\mathfrak{a}$ 是一个根理想.

令 $\mathfrak{A}$ 是 K^n 中一切代数簇所成的集,令 $\mathfrak{R}$ 是 $K[X]$中一切根理想所成的集,则由性质(2)和(4)知,映射 $I:\mathfrak{A} \ni A \to I(A) \in \mathfrak{R}$ 是一个单射,并且反向保持包含关系,即 $A_1 \subseteq A_2 \Rightarrow I(A_1) \supseteq (A_2)$. 下面我们将会看到,这个映射也是满射.

K^n 中一个代数簇 A 是不可约的,如果以下条件被满足:

若 $A = A_1 \cup A_2$,其中 A_1, A_2 都是代数簇,那么或者 $A = A_1$,或者 $A = A_2$.

定理2 K^n 中一个代数簇 A 是不可约的,当且仅当 $I(A)$是 $K[X]$的素理想.

证明 设 A 不可约,$f_1, f_2 \in K[X]$,且 $f_1 f_2 \in I(A)$. 令

$$V(f_i) = \{(x) \in K^n \mid f_i(x) = 0\} \quad (i = 1, 2)$$

$A_i = A \cap V(f_i), i = 1, 2$,则由定理 1 的(7),$A_1, A_2$ 都是代数簇. 因为$f_1 f_2(x) = 0, \forall (x) \in A$,所以$f_1(x) = 0$ 或

$f_2(x)=0$. 因此 $A\subseteq V(f_1)\cup V(f_2)$，从而 $A=A_1\cup A_2$. 于是有 $A=A_1$ 或 $A=A_2$. 由此得出 $A\subseteq V(f_1)$ 或 $A\subseteq V(f_2)$. 因此 $f_1\in I(A)$ 或 $f_2\in I(A)$. 所以 $I(A)$ 是素理想.

反之，设 $I(A)$ 是素理想. 假设存在代数簇 A_1,A_2，使得 $A=A_1\cup A_2$，且 $A_2\subsetneqq A$，则由定理 1 的(4)和(5)，我们有 $I(A)\subsetneqq I(A_2)$，且 $I(A)=I(A_1)\cap I(A_2)=I(A_1)I(A_2)$. 于是由定理 1 的(2)，我们有 $I(A_1)\subseteq I(A)$，从而 $A_1=A$，所以 A 是不可约的.

设 $A_i\subseteq K^n$ 是代数簇，$i=1,2,\cdots$，并且

$$A_1\supseteq A_2\supseteq\cdots\supseteq A_n\supseteq\cdots$$

与此相应，有 $K[x]$ 中一个理想升链

$$I(A_1)\subseteq I(A_2)\subseteq\cdots\subseteq I(A_n)\subseteq\cdots$$

因为 $K[x]$ 是 Noether 环，所以存在一个正整数 n，使得 $I(A_n)=I(A_{n+1})=\cdots$. 于是由定理 1 的(4)，我们有 $A_n=A_{n+1}=\cdots$. 这时我们说，代数簇满足降链条件.

定理 3　K^n 中每一个代数簇都可以表示成有限个不可约代数簇的并.

证明　设 A 是一个代数簇. 如果 A 不可约，那么论断自然成立. 否则 $A=A_1\cup A_1'$，其中 A_1,A_1' 都是代数簇，且 $A_1\subsetneqq A,A_1'\subsetneqq A$，如果 A_1 与 A_1' 中至少有一个不能表示成有限个不可约代数簇的并，例如，A_1 不能表示成有限个不可约代数簇的并，那么对 A_1 做同样的讨论，就存在一个代数簇 $A_2\subsetneqq A_1$，并且 A_2 不能表示成有限个不可约代数簇的并. 如此继续下去，就得到代数簇的一个无限降链

$$A \supsetneqq A_1 \supsetneqq A_2 \supsetneqq \cdots$$

这就导致了矛盾.

定理 4 设 A 是一个代数簇. 如果

$$A = A_1 \cup \cdots \cup A_r = A'_1 \cup \cdots \cup A'_s$$

其中 A_i, A'_j 都是不可约代数簇,并且 $A_i \not\subseteq A_k, A'_j \not\subseteq A'_l$,若 $i \neq k, j \neq l$,那么 $r = s$,并且可以适当排列 A'_j 的次序,使得 $A_i = A'_i, 1 \leqslant i \leqslant r = s$.

证明 首先注意以下事实,设 A 是一个不可约代数簇. 如果

$$A \subseteq A_1 \cup \cdots \cup A_s$$

其中 A_i 是不可约代数簇($1 \leqslant i \leqslant s$),那么必存在某一个 $j(1 \leqslant j \leqslant s)$,使得 $A \subseteq A_j$.

事实上,我们有 $A = \bigcup\limits_{i=1}^{s}(A \cup A_i)$. 因为 A 不可约,所以存在一个 $j(1 \leqslant j \leqslant s)$,使得 $A = A \cup A_j$. 从而 $A \subseteq A_j$.

现在设 $A_1 \cup \cdots \cup A_r = A'_1 \cup \cdots \cup A'_s, A_i, A'_j$ 都是不可约代数簇($1 \leqslant i \leqslant r, 1 \leqslant j \leqslant s$),则

$$A_1 \subseteq A'_1 \cup \cdots \cup A'_s$$

于是由上面所证的事实,可设 $A_1 \subseteq A'_1$. 又因为

$$A'_1 \subseteq A_1 \cup \cdots \cup A_r$$

所以存在某一个 i,使得 $A'_1 \subseteq A_i$. 根据题设的条件,必有 $i = 1$,从而 $A_1 = A'_1$. 这样,对 r 做数学归纳,就证明了这个定理.

现在我们证明 Hilbert 零点定理,它是多项式组的零点存在定理.

定理 5(零点定理) 设 K 是一个代数闭域,$K[X]$ 是 K 上 n 个不定元的多项式环,a 是 $K[X]$ 的一个理

想. 若 $\mathfrak{a}\neq K[X]$,则 $V(\mathfrak{a})\neq\varnothing$.

证明　因为 $\mathfrak{a}\neq K[X]$,所以存在 $K[X]$ 的一个极大理想 $\mathfrak{m}\supseteq\mathfrak{a}$. 于是 $B=K[X]\setminus\mathfrak{m}$ 是一个域. 令 x_i 是 X_i 所在的剩余类($1\leqslant i\leqslant n$). 于是 B 是 K 上的代数扩域. 因为 K 是代数闭域,所以 $B=K$. 于是$(x_1,\cdots,x_n)\in K^n$ 是 $\mathfrak{m}$ 中多项式的一个公共零点,因而$(x_1,\cdots,x_n)\in V(\mathfrak{m})\subseteq V(\mathfrak{a})$.

由这个定理,可以得出以下推论.

推论1　设 K 是一个代数闭域. K 上一个代数方程组

$$f_i(X_1,\cdots,X_n)=0, f_i\in K[X]\quad(1\leqslant i\leqslant m)$$

在 K^n 中有解,当且仅当$(f_1,\cdots,f_n)\neq K[X]$.

证明　令 $\mathfrak{a}=(f_1,\cdots,f_m)$. 若 $\mathfrak{a}\neq K[x]$,则由零点定理有 $V(\mathfrak{a})\neq\varnothing$,即方程组 $f_i=0(1\leqslant i\leqslant m)$ 在 K^n 中有解. 如果 $\mathfrak{a}=K[X]=(1)$,那么显然 $V(\mathfrak{a})=\varnothing$.

推论2　设 K 是一个代数闭域,$\mathfrak{m}$ 是 $K[X]$的一个极大理想,那么存在 $a_1,\cdots,a_n\in K$,使得

$$\mathfrak{m}=(X_1-a_1,\cdots,X_n-a_n)$$

证明　由零点定理,存在$(a)=(a_1,\cdots,a_n)\in V(\mathfrak{m})$. 如果$f\notin\mathfrak{m}$,那么$f(a_1,\cdots,a_n)\neq0$,否则,$(a)$将是 $K[X]$的所有多项式的公共零点. 因此$(X_1-a_1,\cdots,X_n-a_n)\subseteq\mathfrak{m}$. 然而$(X_1-a_1,\cdots,X_n-a_n)$本身已是一个极大理想,所以

$$\mathfrak{m}=(X_1-a_1,\cdots,X_n-a_n)$$

定理6　设 K 是一个代数闭域,$\mathfrak{a}$ 是 $K[X]$的一个理想,则

$$\sqrt{a} = I(V(a))$$

证明 对于$K[X]$的任意理想 a 来说，都有$\sqrt{a} \subseteq I(V(a))$. 现在设$f \in I(V(a))$. 我们借助于所谓"Rabinovich(拉比诺维奇)的巧思"来证明$f \in \sqrt{a}$.

在$K[X_1, \cdots, X_n]$上添加一个新的不相关不定元 T. 在多项式环$K[X_1, \cdots, X_n, T]$中考虑由 a 及$f \cdot T - 1$所生成的理想 b. 如果$(x_1, \cdots, x_n, t) \in K^{n+1}$是 b 中多项式的一个公共零点，那么将有$(x_1, \cdots, x_n) \in V(a)$，从而$f(x_1, \cdots, x_n)t - 1 = -1$. 然而$(x_1, \cdots, x_n, t)$是$f \cdot T - 1$的零点，这就导致了矛盾. 因此 b 在 K^{n+1}中没有零点. 由定理 5 知，$b = K[X_1, \cdots, X_n, T]$.

因为$K[X_1, \cdots, X_n]$是 Noether 环，所以 a 是由有限个元素$f_1, \cdots, f_s \in K[X_1, \cdots, X_n]$生成的. 于是我们有

$$\sum_{i=1}^{s} f_i g_i + h(f \cdot T - 1) = 1$$

这里$g_i, h \in K[X_1, \cdots, X_n, T]$，$1 \leqslant i \leqslant S$.

定义一个 K - 同态

$$\varphi: K[X_1, \cdots, X_n, T] \to K(X_1, \cdots, X_n)$$

$$\varphi(X_i) = X_i, \varphi(T) = \frac{1}{f} \quad (1 \leqslant i \leqslant n)$$

于是在$K(X_1, \cdots, X_n)$中，有

$$\sum_{i=1}^{s} f_i \varphi(g_i) = 1$$

这里

$$\varphi(g_i(X_1, \cdots, X_n, T)) = g_i\left(X_1, \cdots, X_n, \frac{1}{f}\right) = \frac{u_i}{f^{k_i}}$$

$u_i \in K[X_1, \cdots, X_n]$，$k_i$ 是一个非负整数. 令 $k = \max\limits_{1 \leqslant i \leqslant s}\{k_i\}$，则 $f^k \in (f_1, \cdots, f_s) = a$，从而 $f \in \sqrt{a}$.

推论 3　设 K 是一个代数闭域，$\mathfrak{A}$ 是 K^n 中一切代数簇所成的集，$\mathfrak{R}$ 是 $K[X]$ 中一切根理想所成的集. $I: \mathfrak{A} \in V \to I(A) \in \mathfrak{R}$ 是一个双射.

推论 4　(1) 设 a, b 是 $K[X]$ 的两个理想，$V(a) = V(b) \Leftrightarrow \sqrt{a} = \sqrt{b}$.

(2) K 上两个 n 元代数方程组

$$f_i(X_1, \cdots, X_n) = 0 \quad (i = 1, \cdots, s)$$

和

$$g_j(X_1, \cdots, X_n) = 0 \quad (j = 1, \cdots, t)$$

有相同的解，当且仅当对于每一个 i，$1 \leqslant i \leqslant s$，都有一个正整数 k_i，使得 $f_i^{k_i} \in (g_1, \cdots, g_t)$，同时对于每一个 j，$1 \leqslant j \leqslant t$，都有一个正整数 l_j，使得 $g_j^{l_j} \in (f_1, \cdots, f_s)$.

证明　(1) 是定理 1 中的 (2) 和推论 3 的直接结果. 在 (1) 中令 $a = (f_1, \cdots, f_s)$，$b = (g_1, \cdots, g_t)$，就得到 (2).

第3章 全纯函数芽的 Hilbert 零点定理

本章我们主要探讨定义在 $\mathbf{C}^n$ 中的区域或整个 $\mathbf{C}^n$ 中的一些全纯函数的公共零点的局部性质. 这在很大程度上依赖于对全纯函数芽的局部结构的分析. 为此,我们将证明关于全纯函数芽的 Hilbert 零点定理.

§1 全纯函数的局部环

用${}_nO_0 = \mathbf{C}\{z_1, \cdots, z_n\}$表示在 $\mathbf{C}^n$ 原点附近全纯的函数环. 我们主要讨论

$$\{z \in \mathbf{C}^n \mid f_1(z) = \cdots = f_k(z) = 0\}$$

在 $\mathbf{C}^n$ 原点附近的结构,这里 $f_1, \cdots, f_k \in {}_nO_0$.

若 $n = 1$,则问题很简单. 这是因为,不恒为零的全纯函数的零点是孤立的,且总可以局部表示为

$$f(z) = z^k g(z), g(0) \neq 0$$

自然数 k 表示其在点 0 的阶.

若 $n>1$,问题就复杂了.

对 $f\in {}_nO_0$,且 $f(0,\cdots,0)=0$,若 $f(0,\cdots,0,z_n)$ 不恒为 0,则称 f 关于 z_n 正则,精确地说,就是 $f(0,\cdots,0,z_n)$ 在复直线 $(0,\cdots,0,\mathbf{C})$ 中 f 有定义的部分不恒为 0.

若 f 在原点附近不恒为 0,则存在很多通过原点的复直线,满足 f 在某一条复直线上的限制不恒为 0. 故对原点附近不恒为 0 的函数 f,必存在原点附近的线性坐标变换,使得 f 关于 z_n 正则. 记 $z'=(z_1,\cdots,z_{n-1})$,$z=(z',z_n)$,$f\in {}_nO_0$. 若 f 关于 z_n 正则,且 $f(0,0)=0$,则有 $f(0,z_n)$ 在 $z_n=0$ 处的 Taylor(泰勒)展开

$$f(0,z_n)=z_n^k\varphi(z_n),\varphi(0)\neq 0$$

这里 $k\in\mathbf{Z}_+$,有时称 f 关于 z_n 是 k 阶正则的. 给定充分小的 $z'\neq 0$,$f(z',z_n)$ 的零点一般不同于 $f(0,z_n)$. 对于 $f(0,z_n)$,当 $k\geqslant 2$ 时,$z_n=0$ 是其 k 重零点,对于充分小的 z',虽然 $f(z',z_n)$ 仍有 k 个零点(记重数),但一般来说,它们并不相同.

将 $f(0,z_n)$ 看成关于单变量 z_n 的全纯函数,由于其零点孤立,故存在 $\delta_n>0$,使其在半径为 δ_n 的闭圆盘 $\overline{\Delta}_{\delta_n}=\{z_n\in\mathbf{C}\mid |z_n|\leqslant\delta_n\}$ 中,除 $z_n=0$ 外,无其他零点. 令 $\epsilon=\inf\limits_{|z_n|=\delta_n}|f(0,z_n)|>0$,由 $f(z',z_n)$ 的连续性,存在 $\delta_1,\cdots,\delta_{n-1}$,使得当 $|z_1|<\delta_1,\cdots,|z_{n-1}|<\delta_{n-1}$ 时

$$|f(z',z_n)-f(0,z_n)|<\epsilon\leqslant|f(0,z_n)| \qquad (1)$$

在紧集 $\{z_n\in\mathbf{C}\mid |z_n|=\delta_n\}$ 上成立. 取定 $|z_i|<\delta_i,i=1,\cdots,n-1$. 由单复变 Rouché 定理及式(1),$f(z',z_n)$ 与

$f(0,z_n)$在$\Delta_{\delta_n}=\{z_n\in\mathbf{C}\,|\,|z_n|<\delta_n\}$中的零点个数相同. 也就是说,$f(z',z_n)$记重数在$\Delta_{\delta_n}$中恰有$k$个零点. $f(z',z_n)$的几何图像类似于图1. 图1中$|z'|<\delta'$表示$|z_1|<\delta_1,\cdots,|z_{n-1}|<\delta_{n-1}$.

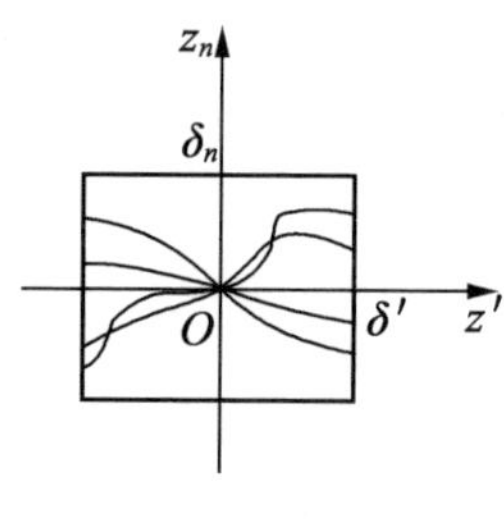

图1

下面的 Weierstrass(魏尔斯特拉斯)预备定理精确地描述了关于z_n正则的全纯函数在$\mathbf{C}^n$原点附近的零点分布.

定义1 称$h\in {}_{n-1}O_0[z_n]$为关于z_n的$k(k>0)$阶 Weierstrass 多项式,若

$$h=z_n^k+a_1(z')z_n^{k-1}+\cdots+a_{k-1}(z')z_n+a_k(z')$$

这里$a_i\in {}_{n-1}O_0$,且$a_i(0)=0,1\leqslant i\leqslant k$.

定理1(Weierstrass 预备定理) 令$f\in {}_nO_0$,且f关于z_n正则,则在$\mathbf{C}^n$原点附近有

$$f(z',z_n)=(z_n^k+a_{k-1}(z')z_n^{k-1}+\cdots+a_1(z')z_n+a_0(z'))u(z',z_n) \tag{2}$$

这里$u(0,0)\neq 0,a_{k-1},\cdots,a_1,a_0\in {}_{n-1}O_0$,且

$$a_{k-1}(0)=\cdots=a_0(0)=0$$

证明 由前面的分析,f在集合

$$\{(z',z_n)\in\mathbf{C}^n\,|\,|z_1|<\delta_1,\cdots,|z_{n-1}|<\delta_{n-1},|z_n|=\delta_n\}$$

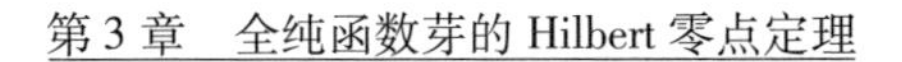

中无零点,故若$|z_i|<\delta_i, i=1,\cdots,n-1$,则方程$f(z', z_n)=0$有$k$个根$\varphi_1(z'),\cdots,\varphi_k(z')$,$|\varphi_i(z')|<\delta_n(i=1,\cdots,k)$.

对$l\in\mathbf{Z}_+$有

$$b_l(z')=\sum_{i=1}^{k}\varphi_i(z')^l=\frac{1}{2\pi i}\int_{|\xi|=\delta_n}\frac{\xi^l\dfrac{\partial f}{\partial z_n}(z',\xi)}{f(z',\xi)}d\xi \quad (3)$$

式(3)表明$\sum\limits_{i=1}^{k}\varphi_i(z')^l, l\in\mathbf{Z}_+$均为区域

$$D_{\delta'}=\{z'\in\mathbf{C}^{n-1}\mid |z_1|<\delta_1,\cdots,|z_{n-1}|<\delta_{n-1}\}$$

上的全纯函数.

现在令

$$\begin{aligned}h(z',z_n)&=\prod_{i=1}^{k}(z_n-\varphi_i(z'))\\&=z_n^k+a_{k-1}(z')z_n^{k-1}+\cdots+a_1(z')z_n+a_0(z')\end{aligned} \quad (4)$$

其中$a_0(z'),\cdots,a_{k-1}(z')$是$\varphi_1(z'),\cdots,\varphi_k(z')$的对称多项式. 于是,由代数中的对称多项式定理,$\{a_0(z'),\cdots,a_{k-1}(z')\}$中每一个均可表示为$\{b_l(z');1\leqslant l\leqslant k\}$的不含常数项的多项式. 例如

$$\begin{aligned}a_{k-1}(z')&=\sum_{i=1}^{k}\varphi_i(z')=b_1(z')\\a_{k-2}(z')&=\sum_{1\leqslant i,j\leqslant k}\varphi_i(z')\varphi_j(z')\\&=\frac{1}{2}\left(\left(\sum_{i=1}^{k}\varphi_i\right)^2-\left(\sum_{i=1}^{k}\varphi_i^2\right)\right)\\&=\frac{1}{2}\left(b_1(z')^2-b_2(z')\right)\end{aligned}$$

由于 $b_l(z'),1\leqslant l\leqslant k$ 全纯,知 $a_i(z'),i=0,\cdots,k-1$ 全纯,且因为 $\varphi_i(0)=0,1\leqslant i\leqslant k$,故 $b_l(0)=0,l\in\mathbf{Z}_+$,因此 $a_i(0)=0,0\leqslant i\leqslant k-1$.

考虑商 $u=\dfrac{f}{h}$,任给 $z'\in D_{\delta'}$,$u(z',z_n)$ 是 Δ_{δ_n} 上的无零点的全纯函数. $\forall\lambda<1$,令 M 是 $|f|$ 在

$\{(z_1,\cdots,z_n)\in\mathbf{C}^n\mid |z_1|\leqslant\lambda\delta_1,\cdots,|z_{n-1}|\leqslant\lambda\delta_{n-1},|z_n|=\delta_n\}$

上的极大值,m 是 $|h|$ 在

$\{(z_1,\cdots,z_n)\in\mathbf{C}^n\mid |z_1|\leqslant\lambda\delta_1,\cdots,|z_{n-1}|\leqslant\lambda\delta_{n-1},|z_n|=\delta_n\}$

上的极小值,由单复变全纯函数的极大模原理,在

$\{(z_1,\cdots,z_n)\in\mathbf{C}^n\mid |z_1|\leqslant\lambda\delta_1,\cdots,|z_{n-1}|\leqslant\lambda\delta_{n-1},|z_n|\leqslant\delta_n\}$

上,$|u|\leqslant\dfrac{M}{m}$. 由 Riemann(黎曼)延拓定理,u 在

$\{(z_1,\cdots,z_n)\in\mathbf{C}^n\mid |z_1|<\lambda\delta_1,\cdots,|z_{n-1}|<\lambda\delta_{n-1},|z_n|<\delta_n\}$

上全纯. 令 λ 趋于 1,知 u 是

$\{(z_1,\cdots,z_n)\in\mathbf{C}^n\mid |z_1|<\delta_1,\cdots,|z_{n-1}|<\delta_{n-1},|z_n|<\delta_n\}$

上的全纯函数.

Weierstrass 预备定理告诉我们,若 $f\in{}_nO_0$,且关于 z_n 正则,则有 Weierstrass 多项式 h 及无零点全纯函数 u,使得在 $\mathbf{C}^n$ 原点的某个开邻域上,$f=hu$.

事实上,${}_nO_0$ 是 $\mathbf{C}^n$ 原点处全纯函数芽形成的环. 于是 Weierstrass 预备定理表明,若 $\boldsymbol{f}\in{}_nO_0$,且 $\boldsymbol{f}$ 关于 z_n 是 k 阶正则的,则 $\boldsymbol{f}$ 可分解为 k 阶 Weierstrass 多项式 $\boldsymbol{h}$ 与 ${}_nO_0$ 中某个单位的乘积. 所谓单位就是环 ${}_nO_0$ 中的可逆元,即 $\mathbf{C}^n$ 原点处非零的全纯函数芽. $\boldsymbol{f}$ 关于 z_n 是 k 阶正则的,是指存在其代表元 f 关于 z_n 是 k 阶正则的.

类似地,$\boldsymbol{h}$ 是关于 z_n 的 k 阶正则 Weierstrass 多项式,是指存在代表元 h 是关于 z_n 的 k 阶正则 Weierstrass 多项式.

一个有趣的事实是,隐函数定理是 Weierstrass 预备定理的直接推论. 这是因为,若 $\boldsymbol{f} \in {}_nO_0$ 关于 z_n 是 1 阶正则的,则必有 $\frac{\partial f}{\partial z_n}(0) \neq 0$,由 Weierstrass 预备定理,有唯一分解

$$f(z_1,\cdots,z_n) = u(z_1,\cdots,z_n)\cdot(z_n - a_1(z_1,\cdots,z_{n-1}))$$

这里 $\boldsymbol{u} \in {}_nO_0$ 是单位,且 $\boldsymbol{a}_1 \in {}_{n-1}O_0$ 不是单位. 因此,在原点附近 $f(z_1,\cdots,z_n)=0$ 等价于 $z_n = a_1(z_1,\cdots,z_{n-1})$.

定理 2(Weierstrass 除法定理)　令 $\boldsymbol{h} \in {}_nO_0[z_n]$ 是关于 z_n 的 k 阶正则 Weierstrass 多项式,则任意 $\boldsymbol{f} \in {}_nO_0$ 均可唯一地表示为 $\boldsymbol{f} = \boldsymbol{g}\cdot\boldsymbol{h}+\boldsymbol{r}$,这里 $\boldsymbol{g} \in {}_nO_0$, $\boldsymbol{r} \in {}_{n-1}O_0[z_n]$ 是阶小于 k 的多项式. 更进一步,如果 $\boldsymbol{f} \in {}_{n-1}O_0[z_n]$,则 $\boldsymbol{g} \in {}_{n-1}O_0[z_n]$.

证明　分别选取 $\boldsymbol{f}$ 与 $\boldsymbol{h}$ 的代表元 f 和 h,使得它们在开多圆盘 $\Delta(0;r)$ 中全纯. 更进一步,选取 $\Delta(0;r)$ 中的闭多圆盘 $\overline{\Delta}(0;\delta)$,使得 $h(z)$ 在

$$\{|z_1|<\delta_1,\cdots,|z_{n-1}|<\delta_{n-1},|z_n|=\delta_n\}$$

上恒不为零. 从而

$$g(z_1,\cdots,z_n) = \frac{1}{2\pi\mathrm{i}}\int_{|\xi|=\delta_n}\frac{f(z_1,\cdots,z_{n-1},\xi)}{h(z_1,\cdots,z_{n-1},\xi)}\frac{\mathrm{d}\xi}{\xi - z_n}$$

在 $\Delta(0;\delta)$ 上全纯. 更进一步,$r(z)=f(z)-g(z)h(z)$ 在相同的多圆盘上全纯,且有如下积分表示

$$
\begin{aligned}
& r(z_1,\cdots,z_n) \\
= & \frac{1}{2\pi i}\int_{|\xi|=\delta_n} f(z_1,\cdots,z_{n-1},\xi)\frac{d\xi}{\xi-z_n} - \\
& \frac{1}{2\pi i}\int_{|\xi|=\delta_n} h(z_1,\cdots,z_n)\frac{f(z_1,\cdots,z_{n-1},\xi)}{h(z_1,\cdots,z_{n-1},\xi)}\frac{d\xi}{\xi-z_n} \\
= & \frac{1}{2\pi i}\int_{|\xi|=\delta_n}\frac{f(z_1,\cdots,z_{n-1},\xi)}{h(z_1,\cdots,z_{n-1},\xi)} \\
& \left[\frac{h(z_1,\cdots,z_{n-1},\xi)-h(z_1,\cdots,z_{n-1},z_n)}{\xi-z_n}\right]d\xi
\end{aligned}
$$

由 Weierstrass 多项式的定义,上式最后一项方括号里的表达式形如

$$
\frac{(\xi^k-z_n^k)+a_1(z_1,\cdots,z_{n-1})(\xi^{k-1}-z_n^{k-1})+\cdots+a_{k-1}(z_1,\cdots,z_n)(\xi-z_n)}{\xi-z_n}
$$

是关于 z_n 的 $k-1$ 阶多项式. 这是 $r(z)$ 的表达式中唯一会出现 z_n 的项,从而 $r(z)$ 关于 z_n 至多 $k-1$ 阶,于是就得到除法公式的存在性.

现在证明唯一性,若 $\boldsymbol{f}=\boldsymbol{gh}+\boldsymbol{r}=\boldsymbol{g}_1\boldsymbol{h}+\boldsymbol{r}_1$,假定上式中出现的芽的代表元在同一个开多圆盘 $\Delta(0;r)$ 上全纯,则在 $\Delta(0;r)$ 上有

$$
r(z)-r_1(z)=h(z)\cdot(g_1(z)-g(z))
$$

类似本章开始时的讨论,利用 Rouché 定理,可选取更小的多圆盘 $\Delta(0;\delta)$,任意固定

$$
(z_1,\cdots,z_{n-1})\in\Delta(0;\delta_1,\cdots,\delta_{n-1})
$$

$h(z_1,\cdots,z_n)$ 在 $|z_n|<\delta_n$ 上恰有 k 个零点. 由于 $r(z)-r_1(z)$ 关于 z_n 的阶至多是 $k-1$,若它关于 z_n 有 k 个零点,则必恒为零,从而 $r(z)-r_1(z)\equiv 0$. 由于 ${}_nO_0$ 是整环,故没有零因子,于是 $g_1(z)-g(z)\equiv 0$,这就证明了

唯一性.

定理最后的结论可由代数中系数在环中的多项式的除法公理得出.

Weierstrass 的两个定理可帮助我们对环${}_nO_0$ 有更深的认识.

定义 2　若$\boldsymbol{f}=\boldsymbol{g}_1\boldsymbol{g}_2$,且$\boldsymbol{g}_1,\boldsymbol{g}_2$ 不是${}_nO_0$ 中的单位,则称$\boldsymbol{f}\in{}_nO_0$ 在${}_nO_0$ 中可约,否则称其在${}_nO_0$ 中不可约,若$\boldsymbol{f}=\boldsymbol{g}_1\boldsymbol{g}_2$,且$\boldsymbol{g}_1,\boldsymbol{g}_2$ 不是${}_{n-1}O_0[z_n]$中的单位,则称$\boldsymbol{f}\in{}_{n-1}O_0[z_n]$ 在${}_{n-1}O_0[z_n]$ 中可约,否则称其在${}_{n-1}O_0[z_n]$中不可约.

引理 1　Weierstrass 多项式$\boldsymbol{h}\in{}_{n-1}O_0[z_n]$在${}_nO_0$ 中可约,当且仅当它在${}_{n-1}O_0[z_n]$中可约,如果$\boldsymbol{h}$ 不可约,那么它的所有因子在差一个${}_{n-1}O_0[z_n]$中单位的意义下是 Weierstrass 多项式.

证明　首先,假定$\boldsymbol{h}$ 在${}_nO_0$ 中可约,令$\boldsymbol{h}=\boldsymbol{g}_1\boldsymbol{g}_2$,$\boldsymbol{g}_j\in{}_nO_0$,$j=1,2$ 不是${}_nO_0$ 中的单位. 由$\boldsymbol{h}$ 是关于z_n 正则的 Weierstrass 多项式,知$\boldsymbol{g}_1$ 与$\boldsymbol{g}_2$ 均关于z_n 正则. 由 Weierstrass 预备定理知,$\boldsymbol{g}_j=\boldsymbol{u}_j\boldsymbol{h}_j$,$j=1,2$,$\boldsymbol{u}_j\in{}_nO_0$ 是单位,且$\boldsymbol{h}_j\in{}_{n-1}O_0[z_n]$是 Weierstrass 多项式,于是$\boldsymbol{h}=(\boldsymbol{u}_1\boldsymbol{u}_2)(\boldsymbol{h}_1\boldsymbol{h}_2)$. 但由于$\boldsymbol{h}_1\boldsymbol{h}_2$ 也是 Weierstrass 多项式,Weierstrass 预备定理中的唯一性部分保证$\boldsymbol{u}_1\boldsymbol{u}_2=1$,且$\boldsymbol{h}_1\boldsymbol{h}_2=\boldsymbol{h}$. 因此多项式$\boldsymbol{h}$ 可约,且其因子是 Weierstrass 多项式.

其次,假定$\boldsymbol{h}$ 在${}_{n-1}O_0[z_n]$中可约,记$\boldsymbol{h}=\boldsymbol{g}_1\boldsymbol{g}_2$,$\boldsymbol{g}_j\in{}_{n-1}O_0[z_n]$,$j=1,2$ 不是${}_{n-1}O_0[z_n]$中的单位. 若$\boldsymbol{g}_1$ 是${}_nO_0$ 中的单位,则$\dfrac{\boldsymbol{h}}{\boldsymbol{g}_1}=\boldsymbol{g}_2$,应用 Weierstrass 除法定

理，$\frac{1}{\boldsymbol{g}_1} \in {}_{n-1}O_0[z_n]$，这与 $\boldsymbol{g}_1$ 不是${}_{n-1}O_0[z_n]$中的单位矛盾，因此$\boldsymbol{g}_1$ 不是${}_nO_0$ 中的单位. 类似地，$\boldsymbol{g}_2$ 也不是${}_nO_0$ 中的单位，故 $\boldsymbol{h}$ 在${}_nO_0$ 中可约.

定义 3 唯一因子分解整环(UFD)是指一个满足下列条件的含幺元的整环：每个不可逆元均可分解为有限个不可约因子的乘积；分解在差一个单位及因子间排列的顺序的意义下唯一.

定理 3 ${}_nO_0$ 是唯一因子分解整环.

证明 我们对维数 n 做归纳证明. 若 $n=0$，环${}_0O_0 = \mathbf{C}$ 是域，则自然是唯一因子分解整环. 故假定定理对${}_{n-1}O_0$成立，由 Gauss(高斯)定理，多项式环${}_{n-1}O_0[z_n]$是唯一因子分解整环. 若$\boldsymbol{f} \in {}_nO_0$ 不是单位，可通过适当的线性坐标变换，使$\boldsymbol{f}$ 关于 z_n 正则. 于是，由 Weierstrass 预备定理，$\boldsymbol{f} = \boldsymbol{u}\boldsymbol{h}$，这里 $\boldsymbol{u} \in {}_nO_0$ 是单位，$\boldsymbol{h} \in {}_{n-1}O_0[z_n]$ 是 Weierstrass 多项式. 多项式 $\boldsymbol{h}$ 在差一个${}_{n-1}O_0[z_n]$中单位及因子间排列顺序的意义下，可唯一分解为不可约多项式的乘积. 由引理 1，我们就得到了 $\boldsymbol{f}$ 在${}_nO_0$ 中，差一个${}_nO_0$ 中单位及因子间排列顺序的意义下的唯一分解. 故定理得证.

定义 4 Noether 环是指它的每个理想均是有限生成的含幺元的交换环.

定理 4 ${}_nO_0$ 是 Noether 环.

证明 我们仍然对维数 n 做归纳证明. 若 $n=0$，环${}_0O_0 = \mathbf{C}$ 是域，则自然是 Noether 环. 故假定${}_{n-1}O_0$ 是 Noether 环. 由 Hilbert 基本定理，多项式环${}_{n-1}O_0[z_n]$是

Noether 环. 对任意理想 $A\subset {}_nO_0$,取 $\boldsymbol{g}\in A$. 通过 $\mathbf{C}^n$ 的线性坐标变换,使 $\boldsymbol{g}$ 关于 z_n 正则. 由 Weierstrass 预备定理,在差一个 ${}_nO_0$ 中单位的意义下,我们可进一步假定 $\boldsymbol{g}\in A\cap {}_{n-1}O_0[z_n]$ 是 Weierstrass 多项式. 由于 $A\cap {}_{n-1}O_0[z_n]$ 是环 ${}_{n-1}O_0[z_n]$ 中的理想,由归纳假设知,可取有限个元素 $\boldsymbol{g}_1,\cdots,\boldsymbol{g}_k$ 为其生成元. 只需证明 $\boldsymbol{g},\boldsymbol{g}_1,\cdots,\boldsymbol{g}_k$ 可生成理想 A. 这是因为若 $\boldsymbol{f}\in A$,利用 Weierstrass 除法定理,有 $\boldsymbol{f}=\boldsymbol{g}\boldsymbol{h}+\boldsymbol{r}$,这里 $\boldsymbol{r}\in {}_{n-1}O_0[z_n]$,显然 $\boldsymbol{r}$ 又在 A 中,故在 $A\cap {}_{n-1}O_0[z_n]$ 中,于是存在 $\boldsymbol{h}_j\in {}_{n-1}O_0[z_n]$,使得 $\boldsymbol{r}=\boldsymbol{h}_1\boldsymbol{g}_1+\cdots+\boldsymbol{h}_k\boldsymbol{g}_k$. 故 $\boldsymbol{f}=\boldsymbol{h}\boldsymbol{g}+\boldsymbol{h}_1\boldsymbol{g}_1+\cdots+\boldsymbol{h}_k\boldsymbol{g}_k$,定理得证.

对 $\boldsymbol{f}\in {}_nO_0$,若 $\boldsymbol{f}$ 不是 ${}_nO_0$ 中的单位,Weierstrass 预备定理可清晰地描述其零点. 对 $\boldsymbol{f}_1,\cdots,\boldsymbol{f}_l\in {}_nO_0$,我们想讨论它们的公共零点集,注意到若 $\boldsymbol{g}_1,\cdots,\boldsymbol{g}_t\in {}_nO_0$,且 $\boldsymbol{g}_i,1\leqslant i\leqslant t$ 在由 $\boldsymbol{f}_1,\cdots,\boldsymbol{f}_l$ 生成的理想 $(\boldsymbol{f}_1,\cdots,\boldsymbol{f}_l)$ 中,且 $\boldsymbol{f}_j\in(\boldsymbol{g}_1,\cdots,\boldsymbol{g}_t),1\leqslant j\leqslant l$,则 $\boldsymbol{g}_1,\cdots,\boldsymbol{g}_t$ 与 $\boldsymbol{f}_1,\cdots,\boldsymbol{f}_l$ 在 $\mathbf{C}^n$ 原点附近有相同的零点集,为简单起见,我们将问题转化为讨论理想 $I\subset {}_nO_0$ 的公共零点集. 我们形式上用 $\mathrm{loc}\ I=\{x\mid f(x)=0,\ \forall f\in I\}$ 表示理想 I 的零点集,也就是说,是 I 中所有元素的公共零点集,但如果想真正理解 $\mathrm{loc}\ I$,必然要用到 ${}_nO_0$ 是 Noether 环这个性质,故 I 是有限生成理想,于是 $\mathrm{loc}\ I$ 是 ${}_nO_0$ 中有限个元的公共零点.

即使如此,考虑到 I 中元的全纯函数表示,它们的定义域均为 $\mathbf{C}^n$ 中原点的邻域,因此其公共定义域可能只是原点本身,如此说来,I 的零点集就只是 $\mathbf{C}^n$ 的原点了,也就没有讨论价值了. 事实上,loc I 是为研究解析簇定义的,严格来说,loc I 只是解析簇的芽,也就是说,loc I 是解析簇的等价类,我们需要定义一个等价关系,使得 I 的任意两组生成元(当然均有限)对应的两个公共零点集,即两个解析簇是等价的. 为此,我们定义,若 V_1,V_2 是两个解析簇,如果存在 $\mathbf{C}^n$ 中原点的邻域 U,满足 $V_1\cap U=V_2\cap U$,则 V_1,V_2 等价,也就是说,它们表示相同的芽. 于是,严格来说,loc I 只是定义了一个解析簇的芽.

我们下面给出解析簇的芽的精确定义.

定义 5 令 X,Y 是 $\mathbf{C}^n$ 中两个集合,若存在 $\mathbf{C}^n$ 原点的开邻域 U,满足 $U\cap X=U\cap Y$,则称 X 与 Y 在 $\mathbf{C}^n$ 原点等价,显然,这是一个等价关系,今后用 $\boldsymbol{X}$ 表示 X 的等价类,称 $\boldsymbol{X}$ 是 X 在 $\mathbf{C}^n$ 原点处的芽.

定义 6 令 $\boldsymbol{f}\in{}_nO_0$,$\boldsymbol{X}$ 是集合 X 的芽,称 $\boldsymbol{f}$ 在 $\boldsymbol{X}$ 上为零,若存在 $\mathbf{C}^n$ 原点的开邻域 U,满足 loc $\boldsymbol{f}$ 的某个代表元包含 $X\cup U$,简记为 loc $\boldsymbol{f}\supset X\cap U$.

对每个 $\mathbf{C}^n$ 原点处集合的芽,可定义理想 id $\boldsymbol{X}=\{\boldsymbol{f}\in{}_nO_0\mid\boldsymbol{f}(\boldsymbol{X})=0\}$,不难验证 id $\boldsymbol{X}$ 是${}_nO_0$ 的理想.

定义 7 令 R 是 Noether 环,Q 是 R 的真理想,称 Q 是准素理想,如果 $a,b\in R,ab\in Q$,则 $a\in Q$ 或 $b^k\in Q,k\in\mathbf{Z}_+$ 必有一个成立.

引理 2 令 R 是 Noether 环,I 是 R 的真理想,则存在有限个准素理想 $Q_1,\cdots,Q_k$ 满足

$$I=Q_1\cap\cdots\cap Q_k$$

称为 I 的准素分解.

证明　令 E 是使引理不成立的真理想集. 若 $E=\varnothing$,则引理成立. 假定 $E\neq\varnothing$,由于 R 是 Noether 环,则 E 关于包含关系有极大元. 令 F 是 E 的某个极大元. 由于 F 不是准素的,故存在 $ab\in F,a\notin F$,且 $b\notin \mathrm{Rad}\ F$,这里 $\mathrm{Rad}\ F$ 是 F 的根理想,即 $\mathrm{Rad}\ F=\{c\in R\mid c^k\in F,k\in\mathbf{Z}_+\}$. 令 $F_n=(F:b^n)=\{d\in R\mid db^n\in F\}$,显然有 $F_{n+1}=(F_n:b)\supseteq F_n$, $\forall n\in\mathbf{Z}_+$. 不难验证,所有 F_n 均为 R 的真理想,由于 R 是 Noether 环,故存在 $N\in\mathbf{Z}_+$,当 $n\geqslant N$ 时,$F_n=F_{n+1}=F_{n+2}=\cdots$. 下面,我们来证明

$$(F+aR)\cap(F+b^NR)=F$$

显然有

$$(F+aR)\cap(F+b^NR)\supset F$$

故只需证明

$$(F+aR)\cap(F+b^NR)\subset F$$

任取 $e\in(F+aR)\cap(F+b^NR)$,即

$$e=f_1+ax_1=f_2+b^Nx_2\quad(f_1,f_2\in R;x_1,x_2\in R)$$

一方面,由于 $ab\in F$,故

$$eb=ef_1+abx_1\in F$$

另一方面

$$eb=bf_2+b^{N+1}x_2,b^{N+1}x_2=eb-bf_2\in F$$

从而

$$x_2\in F_{N+1}=F_N$$

即 $b^Nx_2\in F$,于是

$$e=f_2+b^Nx_2\in F$$

即

$$(F+aR)\cap(F+b^NR)=F$$

显然 $F+aR$ 与 $F+b^NR$ 均为 R 的真理想，且真包含 F，故 F 可约，也就是说 $F=I\cap J$，I,J 是 R 的真理想，且真包含 F. 由于 F 是 E 的极大元，故 I 与 J 均有准素分解

$$I=Q_1\cap\cdots\cap Q_r$$

且

$$J=Q'_1\cap\cdots\cap Q'_s$$

从而 $F=I\cap J=Q_1\cap\cdots\cap Q_r\cap Q'_1\cap\cdots\cap Q'_s$，与 $F\subset E$ 矛盾，所以 E 是空集. 引理得证.

§2　Hilbert 零点定理

定理 1（Hilbert 零点定理）　令 I 是 ${}_nO_0$ 的理想，则

$$\sqrt{I}=\text{id loc } I$$

这里 $\sqrt{I}$ 是 I 的根理想，即

$$\sqrt{I}=\{f\in{}_nO_0 \mid \exists k\in\mathbf{Z}_+, f^k\in I\}$$

证明　我们先假定当 I 是素理想的定理成立.

由于 ${}_nO_0$ 是 Noether 环，我们有准素分解

$$I=Q_1\cap\cdots\cap Q_k$$

每个 Q_i 是准素理想.

我们按下面的步骤证明定理：

(1) $\text{loc } I=\text{loc } Q_1\cup\cdots\cup\text{loc } Q_k$；因为 $I\subset Q_i$，所以 $\text{loc } I\supset\text{loc } Q_i$，$\text{loc } I\supset\text{loc } Q_1\cup\cdots\cup\text{loc } Q_k$.

若 $x\notin\text{loc } Q_i$，$1\leqslant i\leqslant k$，则存在 $f_i\in Q_i$，$f_i(x)\neq 0$，而

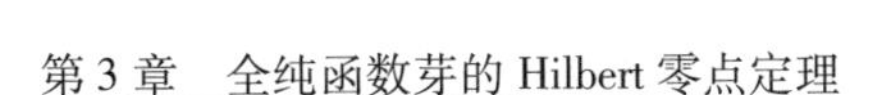

$f=f_1\cdots f_k\in I, f(x)\neq 0$，故 $x\notin \text{loc } I$，于是

$$\text{loc } I\subset \text{loc } Q_1\cap\cdots\cap \text{loc } Q_k$$

（2）$\text{loc } Q_i=\text{loc } P_i, 1\leqslant i\leqslant k$，这里 $P_i=\sqrt{Q_i}$. 由根理想的定义，$P_i\supset Q_i$，故 $\text{loc } Q_i\supset \text{loc } P_i$. 对 $x\in \text{loc } Q_i$，$\forall f\in P_i$，存在 $k\in \mathbf{Z}_+$，满足 $f^k\in Q_i$，于是 $f^k(x)=0$，从而 $f(x)=0$，故 $x\in \text{loc } P_i$，即 $\text{loc } P_i\supset \text{loc } Q_i$.

（3）如果 $V=V_1\cup\cdots\cup V_k$，那么

$$\text{id } V=\text{id } V_1\cap\cdots\cap \text{id } V_k$$

一方面，由于 $V\supset V_i, 1\leqslant i\leqslant k$，故 $\text{id } V\subset \text{id } V_i$；$1\leqslant i\leqslant k$，故 $\text{id } V\subset \text{id } V_1\cap\cdots\cap \text{id } V_k$；另一方面，$\forall f\in \text{id } V_1\cap\cdots\cap \text{id } V_k$，$\forall x\in V$，存在 V_i，使得 $x\in V_i, 1\leqslant i\leqslant k$. 又因为 $f\in \text{id } V_i$，所以 $f(x)=0$，从而 $f\in \text{id } V$，故

$$\text{id } V\supset \text{id } V_1\cap\cdots\cap \text{id } V_k$$

（4）令 $I=Q_1\cap\cdots\cap Q_k$，则

$$\sqrt{I}=\sqrt{Q_1}\cap\cdots\cap\sqrt{Q_k}$$

一方面，由于 $I\subset Q_i, 1\leqslant i\leqslant k$，故 $\sqrt{I}\subset\sqrt{Q_i}$；$1\leqslant i\leqslant k$，故 $\sqrt{I}\subset\sqrt{Q_1}\cap\cdots\cap\sqrt{Q_k}$；另一方面，$\forall f\in\sqrt{Q_1}\cap\cdots\cap\sqrt{Q_k}$，$f\in\sqrt{Q_i}, 1\leqslant i\leqslant k$，存在 $n_i\in\mathbf{Z}_+$ 使得 $f^{n_i}\in Q_i$，故 $f^{\sum_{i=1}^{k} n_i}\in Q_1\cap\cdots\cap Q_k=I$，从而 $f\in\sqrt{I}$.

由（1）和（3）有

$$\text{id loc } I=\text{id loc } Q_1\cap\cdots\cap \text{id loc } Q_k$$

由（2）及素理想情形的假设

$$\begin{aligned}\text{id loc } I&=\text{id loc } P_1\cap\cdots\cap \text{id loc } P_k=P_1\cap\cdots\cap P_k\\&=\sqrt{Q_1}\cap\cdots\cap\sqrt{Q_k}\end{aligned}$$

最后，由（4）及 $I=Q_1\cap\cdots\cap Q_k$，知

$$\text{id loc } I = \sqrt{Q_1} \cap \cdots \cap \sqrt{Q_k} = \sqrt{I}$$

现在只需证明关于素理想的 Hilbert 零点定理. 为简单起见,用 R_n 表示${}_nO_0$. 在证明定理之前,我们先来分析素理想 $P \subset R_n$ 的零点集的性质. 如果 $P \cap R_n \neq (0)$,至少存在一个非零元 $f_n \in P \cap R_n$,为不失一般性,假定 f_n 对 z_n 正则,且 f_n 是 Weierstrass 多项式,因为一般情形,存在 R_n 中的单位 u,使得 uf_n 是 Weierstrass 多项式.

我们仍然用 R_{n-1} 表示${}_{n-1}O_0$,即 $\mathbf{C}^{n-1}$ 原点处全纯函数芽环,$\mathbf{C}^{n-1}$的坐标为$(z_1, \cdots, z_{n-1})$.

类似 n 维情形,如果 $R_{n-1} \cap P \neq (0)$,必存在非零元 $f_{n-1} \in R_{n-1} \cap P$,满足 f_{n-1} 对 z_{n-1} 正则,且是关于 z_{n-1} 的 Weierstrass 多项式,继续下去,可找到非零元 $f_{n-2} \in R_{n-2} \cap P$, $f_{n-3} \in R_{n-3} \cap P, \cdots, f_{k+1} \in R_{k+1} \cap P$,直到 $R_k \cap P = (0)$.

若 $\forall f \in R_n$,由 Weierstrass 除法定理有

$$f = f_n g_n + r_n$$

这里 $r_n = \sum_{v=0}^{k_n - 1} a_v(z') z_n^v$,$\deg f_n = k_n$. 对每个 $a_v(z')$,$1 \leqslant v \leqslant k_n - 1$,利用 Weierstrass 除法定理,知

$$a_v(z_1, \cdots, z_{n-1}) = g_{v,n-1} f_{n-1} + \sum_{\mu=0}^{k_{n-1}-1} b_{v\mu}(z_1, \cdots, z_{n-2}) z_{n-1}^{\mu}$$

分别对 $f_{n-2}, \cdots, f_{k+1}$ 重复上述过程,最终可得到

$$f = Q_n f_n + \cdots + Q_{k+1} f_{k+1} + r \tag{5}$$

这里 $r \in R_k[z_{k+1}, \cdots, z_n]$,由于 $f \in P$,且 $f_n, \cdots, f_{k+1}$ 均在 P 中,故 $r \in P$.

考虑商环 $R_n \backslash P$,用$\bar{z}_{k+1}, \cdots, \bar{z}_n$ 表示 $z_{k+1}, \cdots, z_n$ 在

商同态 $R_n \to R_n \backslash P$ 下的象. 由式(5)有

$$R_n \backslash P \equiv R_k[\bar{z}_{k+1}, \cdots, \bar{z}_n]$$

由于 P 是素理想,$R_n \backslash P$ 是整环,令 M_k 是 R_k 的商域,则 $R_k[\bar{z}_{k+1}, \cdots, \bar{z}_n]$ 的商域是

$$M_k(\bar{z}_{k+1}, \cdots, \bar{z}_n)$$

由式(5),它作为 M_k 上的向量空间是有限维的,故是域 M_k 的有限扩张. 由于每个特征零的域的代数扩张一定是可分扩张,由本原元素定理,每个有限可分扩张都有本原元素,故存在 $\xi \in M_k(\bar{z}_{k+1}, \cdots, \bar{z}_n)$,满足 $M_k(\bar{z}_{k+1}, \cdots, \bar{z}_n) = M_k(\xi)$,反之,称满足上述条件的 ξ 为 $M_k(\bar{z}_{k+1}, \cdots, \bar{z}_n)$ 的本原元素. 本原元素定理的证明是基于Kronecker(克罗内克)的待定元法,仔细分析其证明不难发现,本原元素 $\xi = \sum\limits_{v=k+1}^{n} c_v \bar{z}_v; c_v \in M_k$ 的选取有很大的任意性,换句话说,只有很少的 $(c_{k+1}, \cdots, c_n) \in (M_k)^{n-k}$,使其对应元不是本原的. 更进一步,可选取新坐标 $z'_{k+1} = \sum\limits_{v=k+1}^{n} c_v z_v$, $c_v \in \mathbf{C}; k+1 \leqslant v \leqslant n$,且 $z'_{k+2}, \cdots, z'_n$ 仍然是 $z_{k+1}, \cdots, z_n$ 的线性组合,满足 $f_{k+2}, \cdots, f_n$ 分别对 $z'_{k+2}, \cdots, z'_n$ 正则,若仍然使用 $(z_1, \cdots, z_n)$ 表示新坐标 $(z_1, \cdots, z_k, z'_{k+1}, \cdots, z'_n)$,我们有

$$M_k(\bar{z}_{k+1}, \cdots, \bar{z}_n) = M_k(\bar{z}_{k+1})$$

由于 $\bar{z}_v$,$k+1 \leqslant v \leqslant n$ 在 R_k 上是整的,存在首一极小多项式 $\varphi_v(X) \in R_k(X); k+1 \leqslant v \leqslant n$,满足 $\varphi_v(\bar{z}_v) = 0$,$k+1 \leqslant v \leqslant n$,通常称 φ_v 为 $\bar{z}_v$ 的定义多项式. 令 $\lambda = \deg \varphi_{k+1} \in \mathbf{Z}_+$,由 $\bar{z}_v \in M_k(\bar{z}_{k+1})$,$k+2 \leqslant v \leqslant n$,知

$$\bar{z}_v = a_0 + a_1 \bar{z}_{k+1} + \cdots + a_{\lambda-1}\bar{z}_{k+1}^{\lambda-1} \quad (k+2 \leqslant v \leqslant n) \tag{6}$$

这里 $a_i \in M_k, 0 \leqslant i \leqslant \lambda - 1$.

由 Gauss 的本原多项式定理，$\varphi_{k+1}(X)$ 也是$\bar{z}_{k+1}$在 $R_k[X]$ 中的极小多项式（注意前面只是说它是在商域 $R_k[X]$ 上的极小多项式）. 由于 $M_k(\bar{z}_{k+1})$ 可分，且$\bar{z}_{k+1}$是 λ 阶本原的，故它在 M_k 的代数闭域中共有 λ 个共轭

$$\sigma_1(\bar{z}_{k+1}), \cdots, \sigma_\lambda(\bar{z}_{k+1})$$

这里 $\sigma_1, \cdots, \sigma_\lambda$ 是 $M_k(\bar{z}_{k+1})$ 到其代数闭包的，在 M_k 上的（即固定 M_k）λ 个不同嵌入. 事实上，若记 $\sigma_\mu(\bar{z}_{k+1}) = \bar{z}_{k+1}^{(\mu)}, \mu = 1, \cdots, \lambda$，则$\bar{z}_{k+1}^{(1)}, \cdots, z_{k+1}^{(\lambda)}$正好是 $\varphi_{k+1}(X)$ 的 λ 个不同的根. 更进一步，若令 $\sigma_\mu(\bar{z}_v) = \bar{z}_v^{(\mu)}, k+1 \leqslant v \leqslant n$, $1 \leqslant \mu \leqslant \lambda$. 将 σ_μ 作用于式(6)，就得到如下方程组

$$\begin{cases} z_v^{(1)} = a_0 + a_1 \bar{z}_{k+1}^{(1)} + \cdots + a_{\lambda-1}(\bar{z}_{k+1}^{(1)})^{\lambda-1} \\ \vdots \\ z_v^{(\lambda)} = a_0 + a_1 \bar{z}_{k+1}^{(\lambda)} + \cdots + a_{\lambda-1}(\bar{z}_{k+1}^{(\lambda)})^{\lambda-1} \end{cases} \tag{7}$$

我们需要从上述线性方程组解出 $a_0, a_1, \cdots, a_{\lambda-1}$，即

$$a_i = \frac{\det\begin{pmatrix} \bar{z}_{k+1}^{(1)} \cdots & (\bar{z}_{k+1}^{(1)})^{i-1} & z_v^{(1)} & (\bar{z}_{k+1}^{(1)})^{i+1} \cdots & (\bar{z}_{k+1}^{(1)})^{\lambda-1} \\ \bar{z}_{k+1}^{(2)} \cdots & (\bar{z}_{k+1}^{(2)})^{i-1} & z_v^{(2)} & (\bar{z}_{k+1}^{(2)})^{i+1} \cdots & (\bar{z}_{k+1}^{(2)})^{\lambda-1} \\ \vdots & \vdots & \vdots & \vdots & \vdots \\ \bar{z}_{k+1}^{(\lambda)} \cdots & (\bar{z}_{k+1}^{(\lambda)})^{i-1} & z_v^{(\lambda)} & (\bar{z}_{k+1}^{(\lambda)})^{i+1} \cdots & (\bar{z}_{k+1}^{(\lambda)})^{\lambda-1} \end{pmatrix}}{\det\begin{pmatrix} \bar{z}_{k+1}^{(1)} \cdots & (\bar{z}_{k+1}^{(1)})^{i-1} & (\bar{z}_{k+1}^{(1)})^{i} & (\bar{z}_{k+1}^{(1)})^{i+1} \cdots & (\bar{z}_{k+1}^{(1)})^{\lambda-1} \\ \bar{z}_{k+1}^{(2)} \cdots & (\bar{z}_{k+1}^{(2)})^{i-1} & (\bar{z}_{k+1}^{(2)})^{i} & (\bar{z}_{k+1}^{(2)})^{i+1} \cdots & (\bar{z}_{k+1}^{(2)})^{\lambda-1} \\ \vdots & \vdots & \vdots & \vdots & \vdots \\ \bar{z}_{k+1}^{(\lambda)} \cdots & (\bar{z}_{k+1}^{(\lambda)})^{i-1} & (\bar{z}_{k+1}^{(\lambda)})^{i} & (\bar{z}_{k+1}^{(\lambda)})^{i+1} \cdots & (\bar{z}_{k+1}^{(\lambda)})^{\lambda-1} \end{pmatrix}}$$

$$(i = 0, \cdots, \lambda - 1) \tag{8}$$

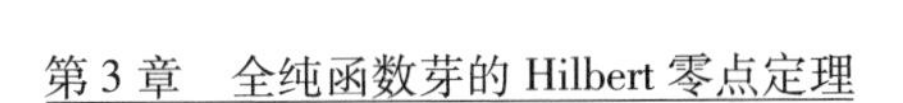

式(8)中的分母是 $\varphi_{k+1}(X)$ 的判别式,简记为 D. 式(8)分子中的行列式里每个元素均在 R_k 上是整的,"整"这个性质关于加法与乘法封闭,从而Da_i在 R_k 上是整的. 由于 R_k 是唯一因子分解整环,R_k 整闭,从而

$$Da_i \in R_k \quad (0 \leqslant i \leqslant \lambda - 1)$$

由式(6)有

$$D\bar{z}_v = Da_0 + Da_1\bar{z}_{k+1} + \cdots + Da_{\lambda-1}\bar{z}_{k+1}^{\lambda-1} \tag{9}$$

于是

$$\psi_v(X) = Da_0 + Da_1X + \cdots + Da_{\lambda-1}X^{\lambda-1} \in R_k[X]$$

由式(9)有

$$Dz_v - \psi_v(z_{k+1}) \in P \quad (v = k+2, \cdots, n)$$

引理 1

$$\begin{aligned}\operatorname{loc} P \backslash \{D=0\} = \operatorname{loc}(&\varphi_{k+1}, Dz_{k+2} - \psi_{k+2}(z_{k+1}), \cdots, \\ &Dz_n - \psi_n(z_{k+1})) \backslash \{D=0\}\end{aligned}$$

这里$\{D=0\}$表示 $\operatorname{loc}(D)$,即主理想(D)的零点集.

证明　由于 $\varphi_{k+1}, Dz_{k+2} - \psi_{k+2}(z_{k+1}), \cdots, Dz_n - \psi_n(z_{k+1})$均在 P 中,于是

$$\begin{aligned}\operatorname{loc} P \backslash \{D=0\} \subset \operatorname{loc}(&\varphi_{k+1}, Dz_{k+2} - \psi_{k+2}(z_{k+1}), \cdots, \\ &Dz_n - \psi_n(z_{k+1})) \backslash \{D=0\}\end{aligned}$$

为证明反方向的包含关系,我们要先对一些事实加以解释. 首先 $\varphi_{k+1}(z_{k+1})$是系数在 R_k 中的关于 z_{k+1} 的 Weierstrass 多项式:这是因为,由 Weierstrass 预备定理,$\varphi_{k+1}(z_{k+1}) = u\varphi'_{k+1}(z_{k+1})$,$\varphi'_{k+1}(z_{k+1})$是 Weierstrass 多项式,$u \in R_{k+1}$是单位. 由于 $\varphi_{k+1}(\bar{z}_{k+1}) = 0$,且 u 是单位,故 $\varphi'_{k+1}(\bar{z}_{k+1}) = 0$. 现在 $\varphi_{k+1}(z)$(虽然 $\varphi_{k+1}(z_{k+1})$只是系数在 R_k 中的关于 z_{k+1}的多项式,若

将其看成 R_n 中的元,常将其记为 $\varphi_{k+1}(z)$)是$\bar{z}_{k+1}$的首一极小多项式,且 $\deg \varphi_{k+1} = \deg \varphi'_{k+1}$,更有 φ'_{k+1}的首项系数也是 1,因此 $\varphi_{k+1}(z) = \varphi'_{k+1}(z)$. 类似讨论可知,所有 $\varphi_v(z) \in R_k[z]$,$v = k+2,\cdots,n$ 也是 Weierstrass 多项式. 由于 $f_v \in P$,且对 z_v 正则,故 $f_v(\bar{z}_v) = 0$,而 $\varphi_v(z)$是$\bar{z}_v$ 的极小多项式,因此 $\varphi_v(z) \mid f_v(z)$,$v = k+2,\cdots,n$.

任取 $g_v \in R_{v-1}[z_v]$,$v > k+1$,设 $\deg g_v = \alpha_v \in \mathbf{Z}_+$,由于 $D \in R_k$,将未定元 z_v 换为 Dz_v,考虑到 $\psi_v(z_{k+1}) \in R_k[z_{k+1}]$,将其简记为 ψ_v,代入 $Dz_v = Dz_v - \psi_v + \psi_v$,知

$$D^{\alpha_v} g_v = A(Dz_v - \psi_v) + \tilde{g}_v(z_1,\cdots,z_{v-1})$$

这里 $A \in R_{v-1}$. 对 $\tilde{g}_v(z_1,\cdots,z_{v-1})$ 使用 Weierstrass 除法定理,有

$$\tilde{g}_v(z_1\cdots,z_{v-1}) = Bf_{v-1}(z_1,\cdots,z_{v-1}) + r_{v-1}$$

因此

$$D^{\alpha_v} g_v = A(Dz_v - \psi_v) + Bf_{v-1}(z_1,\cdots,z_{v-1}) + r_{v-1}$$

上式表明 $D^{\alpha_v} g_v = r_{v-1} \pmod P$,这里 $r_{v-1} \in R_{v-2}[z_{v-1}]$,且 $\deg r_{v-1} < \deg f_{v-1}$. 由式(5),$\forall f \in R_n$,有分解

$$f = f_n Q_n + f_{n-1} Q_{n-1} + \cdots + f_{k+2} Q_{k+2} + f_{k+1} Q_{k+1} + r$$

满足 $r \in R_k[z_{k+1},\cdots,z_n]$. 由前面的讨论,我们可先考虑含未定元 z_n 的项 f_n,类似 g_n,通过乘以适当的 D^{α_n},可将其分解为含 $Dz_n - \psi_n$ 的项及余项,代入 $D^{\alpha_n} f$ 的分解式,再对分解式中不含 $Dz_n - \psi_n$ 的项做类似讨论,只不过这时未定元就成了 z_{n-1},f_n 变成了 f_{n-1}. 重复下去,

直到 f_{k+1}，这时，利用 $\varphi_{k+1}(z)$，$f_{k+1}(z)$ 就得到

$$D^{\alpha}f = \sum_{v=k+2}^{n} A_v(Dz_v - \psi_v) + B\varphi_{k+1} + t + D^{\alpha}r \quad (10)$$

这里 $t \in R_k[z_{k+1}]$，且 $\deg t < \deg \varphi_{k+1} = \lambda$.

现在只需分析式(10)中的余项 r：取 $\beta(\beta \in \mathbf{Z}_+)$ 充分大，使得

$$\begin{aligned} D^{\beta}r &= s[z_{k+1}, Dz_{k+2}, \cdots, Dz_n] \\ &= s[z_{k+1}, Dz_{k+2} - \psi_{k+2} + \psi_{k+2}, \cdots, Dz_n - \psi_n + \psi_n] \\ &= \sum_{v=k+2}^{n} \widetilde{A}_v(Dz_v - \psi_v) + s[z_{k+1}, \psi_{k+2}, \cdots, \psi_n] \end{aligned}$$

这里 $\widetilde{A}_v \in R_k[z_{k+1}, \cdots, z_n]$，$k+2 \leqslant v \leqslant n$，$s[z_{k+1}, \psi_{k+2}, \cdots, \psi_n] \in R_k[z_{k+1}]$（简记为 s）. 对 s 使用 Weierstrass 除法定理，得

$$s = \varphi_{k+1}h + \tilde{t}$$

这里 $\tilde{t} \in R_k[z_{k+1}]$，且 $\deg \tilde{t} < \deg \varphi_{k+1} = \lambda$. 于是通过取充分大的 $\delta \in \mathbf{Z}_+$，例如 $\delta = \alpha + \beta$，就可得到

$$D^{\delta}f = r_f \bmod(\varphi_{k+1}, Dz_{k+2} - \psi_{k+2}, \cdots, Dz_n - \psi_n)$$

这里 $r_f \in R_k[z_{k+1}]$，且 $\deg r_f < \deg \varphi_{k+1} = \lambda$.

有了上式，我们就可以证明反方向包含关系了：若 $f \in P$，则 $r_f \in P$，考虑到 φ_{k+1} 是 $\bar{z}_{k+1}$ 的首一极小多项式，但 $\deg r_f < \deg \varphi_{k+1} = \lambda$，故必有 $r_f \equiv 0$，从而只要 $f \in P$，必存在 $\delta \in \mathbf{Z}_+$，满足

$$D^{\delta}f \in (\varphi_{k+1}, Dz_{k+2} - \psi_{k+2}, \cdots, Dz_n - \psi_n)$$

对任意的 $f \in P$，在 $\mathrm{loc}(\varphi_{k+1}, Dz_{k+2} - \psi_{k+2}, \cdots, Dz_n - \psi_n) \setminus \{D=0\}$ 的某个充分小的代表元中（事实上只需包含在

f 的定义域)任取一点 x,由前面的分析,存在 $\delta \in \mathbf{Z}_+$,使得 $D^{\delta}f(x)=0$,由 $D(x)\neq 0$,故 $f(x)=0$. 由 P 有限生成,知 $\operatorname{loc} P\backslash\{D=0\}$ 的某个代表元包含 x. 至此,引理的证明就完成了.

定理 2(关于素理想的 Hilbert 零点定理) 若 $P\in {}_nO_0$ 是素理想,则

$$P=\operatorname{id}\operatorname{loc} P$$

证明 $P\subset \operatorname{id}\operatorname{loc} P$ 是平凡的. 反之,对任意 $f\in \operatorname{id}\operatorname{loc} P$,$f|_{\operatorname{loc} P}=0$,由前面引理的证明,存在充分大的 $\delta\in\mathbf{Z}_+$,满足

$$D^{\alpha}f=r_f \bmod(\varphi_{k+1},Dz_{k+2}-\psi_{k+2},\cdots,Dz_n-\psi_n)$$

这里 $r_f\in R_k[z_{k+1}]$,且 $\deg r_f<\deg \varphi_{k+1}=\lambda$. 于是 r_f 在

$$\operatorname{loc}(\varphi_{k+1},Dz_{k+2}-\psi_{k+2},\cdots,Dz_n-\psi_n)\backslash\{D=0\}$$
$$=\operatorname{loc} P\backslash\{D=0\}$$

的某个充分小的代表元上为零. 在 $\operatorname{loc}(D)$(将 (D) 看成 R_k 的主理想)的充分小的代表元的补集中任取充分靠近原点的点 $(z_1,\cdots,z_k)$,使得

$$\operatorname{loc}(\varphi_{k+1},Dz_{k+2}-\psi_{k+2},\cdots,Dz_n-\psi_n)$$

的某个代表元中,满足坐标前 k 个分量恰是 $(z_1,\cdots,z_k)$ 的点的个数为 λ. 而满足 $r_f=0$,且前 k 个分量恰好是前面取的 $(z_1,\cdots,z_k)$ 的点的个数至多是 $\lambda-1$,除非 $r_f\equiv 0$. 由前面的分析,$r_f\equiv 0$. 从而 $D^{\alpha}f\in(\varphi_{k+1},Dz_{k+2}-\psi_{k+2},\cdots,Dz_n-\psi_n)\subset P$,由于 $D^{\alpha}\in R_k$,但 $R_k\cap P=0$,必有 $D^{\alpha}\notin P$,则 $f\in P$,于是 $\operatorname{id}\operatorname{loc} P\subset P$,定理得证.

下面我们来讨论 Weierstrass 除法定理的推广,这可用来导出解析函数的一些非局部的性质. 例如,考

虑 $\mathbf{C}^n$ 上的全纯函数芽层 O（有时，为避免混淆，常记为${}_nO$）. 对 $\mathbf{C}^n$ 中任意子集 K，记 O_K（或${}_nO_K$）为 O 在 K 上的连续截影（K 上的拓扑是关于 $\mathbf{C}^n$ 的相对拓扑）形成的含幺交换环. 如果 K 是闭集，由 $\mathbf{C}^n$ 的仿紧性不难得出，O_K 中的元均为 K 的某个邻域上全纯函数在 K 上的芽（K 的邻域上的两个全纯函数等价，当且仅当它们在 K 的某个充分小的邻域上是相等的，等价类即为 K 上的芽）. 前面我们主要讨论了 K 为单点时 O_K 的性质.

考虑

$$\overbrace{O_K \oplus \cdots \oplus O_K}^{p\text{次}}$$

显然，它是 O_K - 模. 又因其只有生成元而无关系式，往往称其为秩 p 自由模，简记为 pO_K（或 p_nO_K）. 考虑自由模 p_nO_0 的子模 M. 对任意含原点的闭集 K，令

$$M_K = \{\boldsymbol{F} \in p_nO_K \mid \boldsymbol{F}_0 \in M\}$$

这是一个${}_nO_K$ - 模. 事实上，M_K 可以这样来刻画：它是满足在原点的限制为 M 中元的自由${}_nO_K$ - 模 p_nO_K 的最大子模. 我们将会证明，对适当的 K，M（作为${}_nO_0$ - 模）的生成元亦可生成 M_K（作为${}_nO_K$ - 模）. 精确地说，就是下面的定理：

定理 3　令 U 是 $\mathbf{C}^n$ 原点的开邻域，令 $G_1,\cdots,G_q \in pQ_U$ 是 U 上的全纯函数（事实上，是 p - 向量值全纯函数），满足它们在原点处的芽生成秩 p 自由${}_nO_0$ - 模 p_nO_0 的子模 M，则存在以原点为中心的坐标邻域中的闭多圆柱 $\overline{\Delta}(0;r) \subset U$，$r > 0$，及常数 $K > 0$，使得每个

$\boldsymbol{F} \in M_{\overline{\Delta}(0;r)}$ 均可表示为

$$\boldsymbol{F} = \sum_{j=1}^{q} \boldsymbol{h}_j \boldsymbol{G}_j$$

这里 $\boldsymbol{h}_j \in O_{\overline{\Delta}(0;r)}$，更进一步，有

$$\| \boldsymbol{h}_j \|_{\overline{\Delta}(0;r)} \leqslant K \| \boldsymbol{F} \|_{\overline{\Delta}(0;r)}$$

这里 $\| \cdot \|$ 表示取“·”的各个分量在 $\overline{\Delta}(0;r)$ 中最大的一个. 而且，任意给定有限个满足上述条件的模及生成元，均存在多圆柱 $\overline{\Delta}(0;r)$，使得上述结论对所有模关于此多圆柱成立.

证明 我们将对复维数 n 做归纳证明. 当 $n=0$ 时结论平凡，故假定结论对 $n-1$ 个变量是成立的，要证明此时结论对 n 个变量也是成立的. 为简化讨论，我们先证明 n 个变量中的特殊情形.

(1) 首先假定 $p-1$，于是 $G_j(z)$ 就成了普通的全纯函数，$M \subset {}_nO$ 就是由这些函数在原点的芽生成的理想. 选取以原点为中心的坐标系，使得 G_1 关于 z_n 正则，于是，由 Weierstrass 预备定理有

$$\boldsymbol{G}_1 = \boldsymbol{u}_1 \cdot \boldsymbol{p}_1$$

这里 $\boldsymbol{u}_1$ 是 ${}_nO_0$ 中的单位，$\boldsymbol{p}_1 \in {}_{n-1}O_0[z_n]$ 是 k 阶 Weierstrass 多项式. 注意到可选取坐标系使得任意有限个芽同时关于 z_n 正则. 由局部 Weierstrass 除法定理，每个芽 $\boldsymbol{F} \in M$ 均可唯一地表示为

$$\boldsymbol{F} = \boldsymbol{F}' \boldsymbol{p}_1 + \boldsymbol{p}^*$$

这里 $\boldsymbol{p}^* \in {}_{n-1}O_0[z_n] \cap M$ 至多是 $k-1$ 阶的多项式，所有 $\boldsymbol{p}^*$ 的集合，有自然的 ${}_{n-1}O_0$－模结构，记为 $M^* = {}_{n-1}O_0[z_n] \cap M$，若只考虑多项式的系数，可将其想象

成子模 $M^* \subset k_{n-1}O_0$. 令 $\boldsymbol{p}_1^*, \cdots, \boldsymbol{p}_s^* \in M^*$ 为这个 ${}_{n-1}O_0$ – 模的子模的生成元,由于 $M^* \subset M$,存在芽 $\boldsymbol{a}_{ij} \in {}_nO_0$,使得

$$\boldsymbol{p}_i^* = \sum_{j=1}^{q} \boldsymbol{a}_{ij}\boldsymbol{G}_j$$

取原点的充分小的开邻域 $V \subset U$,满足所有芽 $\boldsymbol{u}_1, \boldsymbol{p}_1, \boldsymbol{p}_i^*, \boldsymbol{a}_{ij}$ 均有代表元在 V 中全纯,且存在常数 m, $|u_1(z)| \geqslant m > 0$ 对任意 $z \in V$ 都成立;适当地收缩 V,可对任意有限个模找到同一个满足上述条件的 V. 由归纳假设知,存在开多圆柱 $\Delta(0;r) \subset \overline{\Delta}(0;r) \subset V$(可能要经过 $\mathbf{C}^{n-1}:(z_1, \cdots, z_{n-1})$ 的坐标变换),及常数 $K^* > 0$,使得定理的结论可应用于由 $\boldsymbol{p}_1^*, \cdots, \boldsymbol{p}_s^*$ 生成的 M^*;同样由归纳假设可知,对有限个这样的模,我们能找到同一个满足上述条件的多圆柱. 回忆前面 Weierstrass 除法定理的证明,本质上是求解 Cauchy(柯西)型的积分表示,也就是说 Weierstrass 除法定理可在原点的某邻域成立,且满足一定的极大模估计(下文将给出),我们称其为整体 Weierstrass 除法定理. 我们不妨进一步假定 $\Delta(0;r)$ 满足:$p_1(z)$ 或任意有限个这样的函数,同时在 $\overline{\Delta}(0;r)$ 上满足整体 Weierstrass 除法定理的条件. 于是,对任意的 $\boldsymbol{F} \in M_{\overline{\Delta}(0;r)}$,整体 Weierstrass 除法定理告诉我们

$$\boldsymbol{F} = \boldsymbol{F}'\boldsymbol{p}_1 + \boldsymbol{F}^*$$

这里 $\boldsymbol{F}' \in O_{\overline{\Delta}(0;r)}$ 满足

$$\| \boldsymbol{F}' \|_{\overline{\Delta}(0;r)} \leqslant K' \| \boldsymbol{F} \|_{\overline{\Delta}(0;r)}$$

且对 $\boldsymbol{F}^*$,视其为 $\boldsymbol{F}^* \in k_{n-1}O_{\overline{\Delta}(0;r_1,\cdots,r_{n-1})}$,也有估计

$$\| \boldsymbol{F}^* \|_{\overline{\Delta}(0;r_1,\cdots,r_{n-1})} \leqslant K' \| \boldsymbol{F} \|_{\overline{\Delta}(0;r)}$$

(读者可由 Weierstrass 除法定理证明过程中的 Cauchy 型积分表示推导出以上两个不等式.)

为简化记号,令 $D=\overline{\Delta}(0;r_1,\cdots,r_{n-1})$. 现在,由于 $\boldsymbol{F}^* \in M_D^*$,由归纳假设知

$$\boldsymbol{F}^* = \sum_{i=1}^{s} \boldsymbol{b}_i \boldsymbol{p}_i^*$$

这里 $\boldsymbol{b}_i \in {}_{n-1}O_D$,且

$$\| \boldsymbol{b}_i \|_D \leqslant K^* \| \boldsymbol{F}^* \|_D$$

令 $M=\sup\limits_{i,j} \| \boldsymbol{a}_{ij} \| \overline{\Delta}(0;r)$,由前面的估计有

$$\begin{aligned}\boldsymbol{F} &= \left(\frac{1}{\boldsymbol{u}_1}\boldsymbol{F}' + \sum_{i=1}^{s} \boldsymbol{b}_i \boldsymbol{a}_{i1}\right)\boldsymbol{G}_1 + \sum_{j=2}^{q} \left(\sum_{i=1}^{s} \boldsymbol{b}_i \boldsymbol{a}_{ij}\right)\boldsymbol{G}_j \\ &= \sum_{j=1}^{q} \boldsymbol{h}_j \boldsymbol{G}_j\end{aligned}$$

这里 $\boldsymbol{h}_j \in O_D$,且对 $K=\left(\frac{1}{m}\right)K' + sMK'K^*$ 有

$$\| \boldsymbol{h}_j \|_{\overline{\Delta}(0;r)} \leqslant K \| \boldsymbol{F} \|_{\overline{\Delta}(0;r)}$$

成立. 这就是我们需要的结论.

(2) 现在只需证明定理在 n 维的一般情形下成立. 我们对指标 p 进行归纳. 精确地说,我们假定定理对秩小于 p 的各种自由${}_nO_0$-模的任意有限个子模成立,证明定理对秩小于或等于 p 的各种自由${}_nO_0$-模的任意有限个子模成立. $p=1$ 的情形已经在(1)中得到证明. 于是,假定 $p>1$. 设 $M\subset p_nO_0$ 是某个我们证明中要考虑到的模. 定理条件要求 M 有限生成,故不妨假定$\boldsymbol{G}_1,\cdots,\boldsymbol{G}_q \in p_nO_0$ 生成 M. 令 $\boldsymbol{G}'_1,\cdots,\boldsymbol{G}'_q \in (p-$

$1)_n\mathcal{O}_0$ 分别是由 $\boldsymbol{G}_1,\cdots,\boldsymbol{G}_q$ 的前 $p-1$ 个分量构成的向量,它们可生成子模 $M'\subset(p-1)_n\mathcal{O}_0$. 更进一步,令 $M''\subset{}_n\mathcal{O}_0$ 是由所有满足$(\boldsymbol{0},\cdots,\boldsymbol{0},\boldsymbol{g}'')\in M$ 的 $\boldsymbol{g}''\in{}_n\mathcal{O}_0$ 组成的集合,事实上,M''是${}_n\mathcal{O}_0$ 的理想,由于${}_n\mathcal{O}_0$ 是 Noether 的,故 M''有限生成,假定 $\boldsymbol{g}''_i,\cdots,\boldsymbol{g}''_s$ 是其生成元,由于$(\boldsymbol{0},\cdots,\boldsymbol{0},\boldsymbol{g}''_i)\in M$,故存在芽 $\boldsymbol{a}_{ij}\in{}_n\mathcal{O}_0$,满足

$$(\boldsymbol{0},\cdots,\boldsymbol{0},\boldsymbol{g}''_i)=\sum_{j=1}^{q}\boldsymbol{a}_{ij}\boldsymbol{G}_j$$

选取原点充分小的开邻域 $V\subset U$,使得 $\boldsymbol{g}''_i$ 及 $\boldsymbol{a}_{ij}$都有代表元在 V 上全纯,事实上,我们可以进一步假定 V 充分小,以至于可以同时满足所有我们证明中要考虑到的有限个模. 由归纳假设可知,存在开多圆柱 $\Delta(0;r)\subset\overline{\Delta}(0;r)\subset V$,使得定理的结论对 M',M''及所有有限个秩小于 p 的自由模的子模在此多圆柱上同时成立. 现在,任取 $\boldsymbol{F}\in M_{\overline{\Delta}(0;r)}$,由 $\boldsymbol{F}$ 的前 $p-1$ 个分量构成的 $\boldsymbol{F}'\in(p-1)_n\mathcal{O}_{\overline{\Delta}(0;r)}$ 必在 $M'_{\overline{\Delta}(0;r)}$ 中,因此,由归纳假设有

$$\boldsymbol{F}'=\sum_{j=1}^{q}\boldsymbol{h}'_j\boldsymbol{G}'_j$$

这里 $\boldsymbol{h}'_j\in{}_n\mathcal{O}_{\overline{\Delta}(0;r)}$,且

$$\|\boldsymbol{h}'_j\|_{\overline{\Delta}(0;r)}\leqslant K'\|\boldsymbol{F}'\|_{\overline{\Delta}(0;r)}$$

令

$$\boldsymbol{F}''=\boldsymbol{F}-\sum_{j=1}^{q}\boldsymbol{h}'_j\boldsymbol{G}_j=(\boldsymbol{0},\cdots,\boldsymbol{0},\boldsymbol{f}'')\in M_{\overline{\Delta}(0;r)}$$

于是 $\boldsymbol{F}''\in M''_{\overline{\Delta}(0;r)}$,再次利用归纳假设有

$$\boldsymbol{F}''=\sum_{i=1}^{s}\boldsymbol{h}''_i\boldsymbol{g}''_i$$

这里 $\boldsymbol{h}''_i\in{}_n\mathcal{O}_{\overline{\Delta}(0;r)}$ 且

$$\| \boldsymbol{h}''_i \|_{\bar{\Delta}(0;r)} \leqslant K'' \| \boldsymbol{f}'' \|_{\bar{\Delta}(0;r)}$$

现在,令

$$M = \sup_{i,j} \| \boldsymbol{a}_{ij} \|_{\bar{\Delta}(0;r)}$$

及

$$L = \sup_{j} \| \boldsymbol{G}_j \|_{\bar{\Delta}(0;r)}$$

则

$$\boldsymbol{F} = \sum_{j=1}^{q} \boldsymbol{h}'_j \boldsymbol{G}_j + \boldsymbol{h}''_i \boldsymbol{a}_{ij} \boldsymbol{G}_j = \sum_{j=1}^{q} \boldsymbol{h}_j \boldsymbol{G}_j$$

这里 $\boldsymbol{h}_j \in {}_nO_{\bar{\Delta}(0;r)}$,满足对 $K = K' + sMK' + qsLMK'K''$有

$$\| \boldsymbol{h}_j \|_{\bar{\Delta}(0;r)} \leqslant K \| \boldsymbol{F} \|_{\bar{\Delta}(0;r)}$$

当然,对任意给定的有限个模,也有类似的结论,于是定理得证.

定理 4 任意子模 $M \in pO_0$ 是闭的,这里闭是下面意义下的闭:任取原点的开邻域 U,若 $F \in pO_U$,且 F 可在 U 的任意紧集上,满足在原点的芽属于 M 的全纯向量值函数逼近,则 F 在原点的芽 $\boldsymbol{F} \in M$.

证明 令 $\boldsymbol{G}_1, \cdots, \boldsymbol{G}_q \in pO_V$ 是原点的开邻域 $V \subset U$ 上的全纯函数,使得 $\boldsymbol{G}_1, \cdots, \boldsymbol{G}_q$ 生成模 M(这是由于 Noether 环的有限直和可看成 Noether 环自身上的模,其子模有限生成的);选取开多圆柱$\Delta(0;r) \subset \bar{\Delta}(0;r) \subset V$,使得定理 3 成立. 由假设,存在一列函数的芽 $\boldsymbol{F}_n \in M_{\bar{\Delta}(0;r)}$,满足当 $n \to \infty$ 时,$\| \boldsymbol{F} - \boldsymbol{F}_n \|_{\bar{\Delta}(0;r)} \to 0$. 由定理 3,有

$$\boldsymbol{F}_n = \sum_{j=1}^{q} \boldsymbol{h}_{jn} \boldsymbol{G}_j$$

这里 $\boldsymbol{h}_{jn} \in O_{\bar{\Delta}(0;r)}$,且

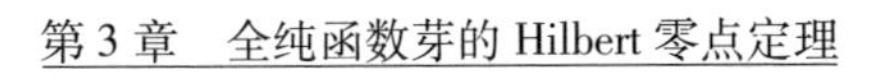

$$\|\boldsymbol{h}_{jn}\|_{\overline{\Delta}(0;r)}\leqslant K\|\boldsymbol{F}_n\|_{\overline{\Delta}(0;r)}$$

于是函数 $\boldsymbol{h}_{jn}(z)$ 在紧集 $\overline{\Delta}(0;r)$ 上一致有界，且由 Cauchy 积分公式，其所有偏导数在 $\Delta\left(0;\frac{1}{2}r\right)$ 上一致有界. 从而 $\boldsymbol{h}_{jn}$ 是正规族，故存在其子列（不妨设为其本身）在 $\Delta\left(0;\frac{1}{2}r\right)$ 上一致收敛到函数 $h_j(z)$，自然有 $h_j(z)\in O_{\Delta\left(0,\frac{1}{2}r\right)}$. 从而，当 $z\in\Delta\left(0;\frac{1}{2}r\right)$ 时，有

$$F(z)=\lim_{n\to\infty}F_n(z)=\lim_{n\to\infty}\sum_{j=1}^{q}h_{jn}(z)G_j(z)=\sum_{j=1}^{q}h_j(z)G_j(z)$$

因此 $\boldsymbol{F}\in M$，定理得证.

多项式的零点研究

第4章

§1 随机系数代数方程实根的平均个数的界

南京林业大学的王友菁教授得到了如下定理:

定理1 设

$$F_n(\omega,t) = \sum_{k=0}^{n-1} a_k(\omega) t^k = 0$$

是随机系数代数方程,这里 $a_k(\omega)(k=0,1,\cdots,n-1)$ 服从标准正态分布 $N(0,1)$,那么其实根的平均个数 $EN_F(\omega)$ 满足

$$C \leqslant EN_F(\omega) - \frac{2}{\pi}\ln n \leqslant d$$

和

$$\lim_{n\to\infty}\left[EN_F(\omega) - \frac{2}{\pi}\ln n\right] = 0.631\ 2\cdots \quad (n \geqslant 1)$$

这里

$$C \geqslant \frac{\pi^2 - 4}{4\pi} + o(1)$$

$$1-\frac{2}{\pi}\ln 2\leqslant d\leqslant\frac{2\sqrt{2}}{\pi}$$

1. 前言

以随机变量为系数的代数方程

$$F_n(\omega,t)=\sum_{k=0}^{n-1}a_k(\omega)t^k=0$$

在假定 $a_k(\omega)$ $(k=0,1,2,\cdots,n-1)$ 服从标准正态分布 $N(0,1)$ 或服从在 $[0,1]$ 上均匀分布的条件下，其实根的平均个数 $EN_F(\omega)$ 的估计有(参看文献[1]及其他参考文献)：

1938 年，J. E. Littlewood，Offord 得到

$$EN_F(\omega)\leqslant 25(\ln n)^2+12\ln n$$

1943 年，M. Kac 改进为

$$EN_F(\omega)\leqslant\frac{2}{\pi}\ln n+\frac{14}{\pi}$$

1965 年，D. C. Stevens 在他的纽约大学博士论文中改进为

$$\frac{2}{\pi}\ln n-0.6<EN_F(\omega)<\frac{2}{\pi}\ln n+1.4$$

1980 年，骆振华又把它改进为

$$\frac{2}{\pi}\ln n\leqslant EN_F(\omega)<\frac{2}{\pi}\ln n+\frac{\pi}{4}\left[\ln 2+\frac{r}{2}\right]$$

$$=\frac{2}{\pi}\ln n+1.237\ 277\ 1\cdots$$

这里的 r 为欧拉常数.

本文将给出更好的估计，得到：

定理2 设 $a_k(\omega)$ $(k=0,1,2,\cdots,n-1)$ 是服从标

准正态分布 $N(0,1)$ 的独立的随机变量,随机系数代数方程

$$F_n(\omega,t) = \sum_{k=0}^{n-1} a_k(\omega)t^k = 0$$

的实根平均个数为 $EN_F(\omega)$,则有

$$C \leqslant EN_F(\omega) - \frac{2}{\pi}\ln n \leqslant d \quad (n \geqslant 1)$$

$$C \geqslant \frac{\pi^2-4}{4\pi} + o(1) = 0.467\ 088\ 2\cdots + o(1)$$

$$0.558\ 778\ 4\cdots = 1 - \frac{2}{\pi}\ln 2 \leqslant d \leqslant \frac{2\sqrt{2}}{\pi} = 0.900\ 316\ 3\cdots$$

2. 定理的证明

引理 1　设

$$h(t) = \frac{nt^{n-1}(1-t^2)}{1-t^{2n}} \quad (0 \leqslant t < 1)$$

则对所有自然数 n,不等式

$$1 - h(t) \leqslant \left(\frac{1-t^n}{1+t^n}\right)^2$$

成立. 当 $t \to 1$ 时也成立.

证明　当 $t \to 1$ 及 $t=0$ 时不等式显然成立.

当 $0<t<1$ 时,注意 $1-t>0$ 及 $t \neq 0$,则原不等式与下列不等式等价

$$f_n(t) = n - 4t - nt^2 + nt^n + 4t^{n+1} - nt^{n+2} \geqslant 0$$

对 n 进行归纳证明,就可得

$$f_{n+1}(t) > f_n(t) > 0$$

证毕.

定理 3　设 $a_k(\omega)(k=0,1,2,\cdots,n-1)$ 是服从标

准正态分布 $N(0,1)$ 的独立随机变量,则随机系数代数方程

$$F_n(\omega,t) = \sum_{k=0}^{n-1} a_k(\omega)t^k = 0$$

的实根的平均个数

$$EN_F(\omega) \leqslant \frac{2}{\pi} + d$$

$$0.558\ 778\ 4\cdots = 1 - \frac{2}{\pi}\ln 2 \leqslant d \leqslant \frac{2\sqrt{2}}{\pi} = 0.900\ 316\ 3\cdots$$

证明　引用 M. Kac 的结果,对任意自然数 n 有

$$\begin{aligned} EN_F(\omega) &= \frac{4}{\pi}\int_0^1 \frac{1}{1-t^2}\sqrt{1-h^2(t)}\,\mathrm{d}t \\ &= \frac{4}{\pi}\int_0^1 \frac{1-h(t)}{1-t^2}\sqrt{\frac{1+h(t)}{1-h(t)}}\,\mathrm{d}t \\ &= \frac{4}{\pi}\Big[\int_0^1 \frac{1-h(t)}{1-t^2}\mathrm{d}t + \int_0^1 \frac{1-h(t)}{1-t^2}\cdot \\ &\qquad \frac{\sqrt{1+h(t)}-\sqrt{1-h(t)}}{\sqrt{1-h(t)}}\mathrm{d}t\Big] \end{aligned}$$

记

$$I_1 = \int_0^1 \frac{1-h(t)}{1-t^2}\mathrm{d}t$$

$$I_2 = \int_0^1 \frac{[1-h(t)]}{1-t^2}\,\frac{[\sqrt{1+h(t)}-\sqrt{1-h(t)}]}{\sqrt{1-h(t)}}\mathrm{d}t$$

我们可得

$$\begin{aligned} I_1 &= \lim_{t\to 1}\int_0^t \left(\frac{1}{1-t^2} - \frac{nt^{n-1}}{1-t^{2n}}\right)\mathrm{d}t \\ &= \lim_{t\to 1}\left(\int_0^t \frac{\mathrm{d}t}{1-t^2} - \int_0^{t^n} \frac{\mathrm{d}x}{1-x^2}\right) = \frac{1}{2}\ln n \end{aligned}$$

由此及 $I_2 \geqslant 0$,易得文献[1]中的定理1.

一方面,从 $\sqrt{1+h(t)}+\sqrt{1-h(t)} \geqslant \sqrt{2}$ 及引理可得

$$I_2 \leqslant \sqrt{2}\int_0^1 \frac{(1-t^n)nt^{n-1}\mathrm{d}t}{(1+t^n)(1-t^{2n})} = \sqrt{2}\int_0^1 \frac{nt^{n-1}}{(1+t^n)^2}\mathrm{d}t = \frac{\sqrt{2}}{2}$$

从而有

$$EN_F(\omega) \leqslant \frac{2}{\pi}\ln n + \frac{2\sqrt{2}}{\pi}$$

即

$$EN_F(\omega) - \frac{2}{\pi}\ln n \leqslant d \leqslant \frac{2\sqrt{2}}{\pi} = 0.900\ 316\ 3\cdots$$

另一方面,当 $n=2$ 时

$$EN_F(\omega) = 1 = \frac{2}{\pi}\ln 2 + 1 - \frac{2}{\pi}\ln 2$$

所以

$$d \geqslant 1 - \frac{2}{\pi}\ln 2 = 0.558\ 778\ 4\cdots$$

证毕.

定理4　设 $a_k(\omega)(k=0,1,2,\cdots,n-1)$ 是服从标准正态分布 $N(0,1)$ 的独立随机变量,随机系数代数方程

$$F_n(\omega,t) = \sum_{k=0}^{n-1} a_k(\omega)t^k = 0$$

的实根平均个数 $EN_F(\omega)$ 满足下式

$$EN_F(\omega) \geqslant \frac{2}{\pi}\ln n + \frac{\pi^2-4}{4\pi} + o(1)$$

$$= \frac{2}{\pi}\ln n + 0.467\ 088\ 2\cdots + o(1)$$

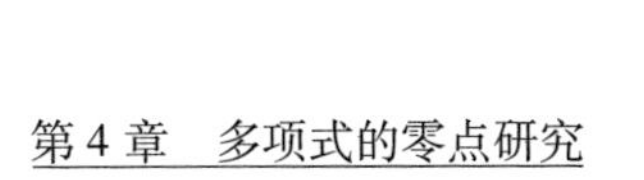

证明　只要证明

$$\lim_{n\to\infty}\left[EN_F(\omega)-\frac{2}{\pi}\ln n\right]\geqslant\frac{\pi^2-4}{4\pi}$$

由定理 3 的证明,我们有

$$EN_F(\omega)-\frac{2}{\pi}\ln n=\frac{4}{\pi}I_2$$

而由 $\sqrt{1+h(t)}+\sqrt{1-h(t)}\leqslant 2$,可得

$$\begin{aligned}I_2&\geqslant\int_0^1\frac{\sqrt{1-h(t)}}{1-t^2}h(t)\,\mathrm{d}t\\&\geqslant\int_0^1\frac{\left[1-\frac{nt^{n-1}(1-t^2)}{1-t^{2n}}\right]\frac{nt^{n-1}}{1-t^{2n}}\mathrm{d}t}{\frac{1-t^n}{1+t^n}}\\&\xlongequal{令x=t^n}\int_0^1\frac{1-x^2-n(x^{1-\frac{1}{n}}-x^{1+\frac{1}{n}})}{(1+x)(1-x)^3}\mathrm{d}x\end{aligned}$$

令 $n\to+\infty$,由 Fatou(法图)引理得

$$\begin{aligned}\lim_{n\to+\infty}I_2&\geqslant\int_0^1\frac{1-x^2+2x\ln x}{(1+x)(1-x)^3}\mathrm{d}x\\&=\frac{1}{8}\Big[\int_0^1\frac{1-x^2+2x\ln x}{1+x}\mathrm{d}x+\\&\qquad\int_0^1\frac{(7-4x+x^2)(1-x^2+2x\ln x)\mathrm{d}x}{(1-x)^3}\Big]\\&=\frac{1}{8}\left[\frac{\pi^2}{6}-\frac{3}{2}+I_3\right]\end{aligned}$$

这里

$$\begin{aligned}I_3&=\int_0^1\frac{(7-4x+x^2)(1-x^2+2x\ln x)}{(1-x)^3}\mathrm{d}x\\&\xlongequal{令u=1-x}\lim_{u\to1}\int_0^u\frac{4+2u+u^2}{u^3}\left[2u-u^2-2(1-u)\sum_{k=1}^{\infty}\frac{u^k}{k}\right]\mathrm{d}u\end{aligned}$$

$$= 2\lim_{u\to 1}\left[4\sum_{k=0}^{\infty}\int_0^u \frac{u^k}{(k+2)(k+3)}\mathrm{d}u + 2\sum_{k=0}^{\infty}\int_0^u \frac{u^{k+1}}{(k+2)(k+3)}\mathrm{d}u + \sum_{k=0}^{\infty}\int_0^u \frac{u^{k+2}}{(k+2)(k+3)}\mathrm{d}u\right]$$

$$= 2\left[4\sum_{k=0}^{\infty}\frac{1}{(k+1)(k+2)(k+3)} + 2\sum_{k=0}^{\infty}\frac{1}{(k+2)^2(k+3)} + \sum_{k=0}^{\infty}\frac{1}{(k+2)(k+3)^2}\mathrm{d}u\right]$$

$$= \frac{\pi^2}{3} - \frac{1}{2}$$

从而有

$$\lim_{n\to\infty}\left[EN_F(\omega) - \frac{2}{\pi}\ln n\right] \geqslant \frac{4}{\pi}\left(\frac{\pi^2}{16} - \frac{1}{4}\right)$$

$$= \frac{\pi^2 - 4}{4\pi} = 0.467\ 088\ 2\cdots$$

证毕.

由戴永隆同志指点,我们还可得出:

定理 5 在定理 3 的条件下,则有

$$\lim_{n\to\infty}\left[EN_F(\omega) - \frac{2}{\pi}\ln n\right] = \frac{4}{\pi}\varphi$$

这里

$$\varphi = \int_0^1 \frac{2\sqrt{1-x^2+2x\ln x}}{(1-x^2)(\sqrt{1-x^2+2x\ln x} + \sqrt{1-x^2-2x\ln x})}\mathrm{d}x$$

证明 由定理 3 的证明知

$$EN_F(\omega)-\frac{2}{\pi}\ln n=\frac{4}{\pi}I_2$$

$$I_2 \overset{\text{令}x=t^n}{=\!=} \int_0^1 \frac{2\sqrt{1-x^2-nx(x^{-\frac{1}{n}}-x^{\frac{1}{n}})}}{(1-x^2)\left(\sqrt{1-x^2-nx(x^{-\frac{1}{n}}-x^{\frac{1}{n}})}+\sqrt{1-x^2+nx(x^{-\frac{1}{n}}-x^{\frac{1}{n}})}\right)}$$

用 $g_n(x)$ 记被积函数. 由于

$$\frac{\sqrt{1-x^2-nx(x^{-\frac{1}{n}}-x^{\frac{1}{n}})}}{(1-x^2)^{\frac{3}{2}}}\leqslant g_n(x)\leqslant\frac{\sqrt{2}\sqrt{1-x^2-nx(x^{-\frac{1}{n}}-x^{\frac{1}{n}})}}{(1-x^2)^{\frac{3}{2}}}$$

及

$$-nx(x^{-\frac{1}{n}}-x^{\frac{1}{n}})=-nx(\mathrm{e}^{\frac{-\ln x}{n}}-\mathrm{e}^{\frac{\ln x}{n}})<2x\ln x\quad(0<x<1)$$

所以函数 $g_n(x)$ 被控制,应用控制收敛定理,得

$$\lim_{n\to\infty} I=\int_0^1\frac{2\sqrt{1-x^2+2x\ln x}}{(1-x^2)(\sqrt{1-x^2+2x\ln x}+\sqrt{1-x^2-2x\ln x})}\mathrm{d}x=\varphi$$

从而

$$\lim_{n\to\infty}\left[EN_F(\omega)-\frac{2}{\pi}\ln n\right]=\frac{4}{\pi}\varphi$$

这里的 φ 是常数, $\frac{4}{\pi}\varphi=0.631\ 2\cdots$.

证毕.

定理5在极限意义下解决了随机系数代数方程实根平均个数问题. 最后,作者对戴永隆的指教和张承忍的校阅表示感谢.

参考文献

[1] 骆振华. 随机系数代数方程实根的平均个数[J]. 数学年刊,1980(1):3-4,541-544.

§2 多项式在无穷远附近可以有多小?

Jennifer M. Johnson János Kollár 给出两个变量的实多项式在无穷远附近和在零点附近的界. 此界仅依赖于多项式的次数.

1. 引言

本节对多项式研究两个平行的问题. 首先,我们问一个多项式在无穷远附近可以有多小;其次,我们考虑多项式在其零点附近可以消失得有多快.

如果我们只考虑一个变量的多项式,那么这些问题是容易回答的,但是一旦我们有两个或更多变量,这些问题就有一种惊人的深度. 从熟悉的一个变量情形开始,并记住这两个问题,我们来确切表达一个多项式次数 n 的定义,以及在原点处多项式根重数 d 的定义.

引理 1 多项式 $f(x)$ 有次数 n,如果存在常数 C_1, $C_2>0$,使得

$$C_1|x|^n\leqslant|f(x)|\leqslant C_2|x|^n \quad (|x|\gg 1) \qquad (1)$$

多项式 $f(x)$ 在 $x=0$ 处有一个 d 重根,如果存在常数 $C_1,C_2>0$,使得

$$C_1|x|^d\leqslant|f(x)|\leqslant C_2|x|^d \quad (|x|\ll 1) \qquad (2)$$

这里,记号 $|x|\gg 1$ 表示 $|x|$ 充分大;类似地,记号 $|x|\ll 1$ 表示 $|x|$ 充分小.

现在考虑两个变量的多项式

$$\begin{aligned} f(x,y) &= a_{00} + a_{10}x + a_{01}y + a_{20}x^2 + a_{11}xy + \cdots \\ &= \sum_{i,j} a_{ij}x^iy^j \end{aligned}$$

它的次数和根的重数的标准定义以显然的方式被推广. f 的次数就是和式中具有非零系数 a_{ij} 的 x^iy^j 的次数 $i+j$ 的最大值,而 f 在原点处有 d 重零点,如果 d 是和式中具有非零系数 a_{ij} 的 x^iy^j 的次数 $i+j$ 的最小值.

我们来理解,在无穷远附近 f 的大小,以及在原点处 f 消失的速率指的是什么. 也就是说,我们要把引理1中的不等式推广到两个变量的情形,但这是非常困难的.

首先,我们注意到,容易获得所希望的上界. 事实上

$$\left|\sum_{i,j} a_{ij}x^iy^j\right| \leqslant \sum_{i,j} |a_{ij}| \left(\sqrt{x^2+y^2}\right)^{i+j}$$

因而有

$$|f(x,y)| \leqslant \left(\sum_{i,j} |a_{ij}|\right)\left(\sqrt{x^2+y^2}\right)^n \quad (x^2+y^2 \geqslant 1)$$

以及

$$|f(x,y)| \leqslant \left(\sum_{i,j} |a_{ij}|\right)\left(\sqrt{x^2+y^2}\right)^d \quad (x^2+y^2 \leqslant 1)$$

这就是说,若 f 的次数为 n,则 $|f(x,y)|$ 在无穷远附近的增长不快于 $\left(\sqrt{x^2+y^2}\right)^n$,并且若在 $f(x,y)$ 中其最低次数为 d,则它在原点附近消失的速率至少与 $\left(\sqrt{x^2+y^2}\right)^d$ 一样快.

下面我们来寻找 (x,y) 在无穷远附近或原点附近时 $f(x,y)$ 的下界. 用一个简单的例子表明,一般而言下界可以不存在.

例 1 若$f(x,y)=x^2+y^3$，则在由 $x=t^3,y=-t^2$ 定义的曲线上 f 等于零. 由于此曲线通过原点，并且它也给出一条路径通到无穷远，因此我们想要的 f 在原点附近和无穷远附近的下界都不存在.

然而人们仍然可以问，在这样一条曲线上多项式不为零时发生了什么. 为此，我们做下列限制. 今后，当我们在无穷远附近讨论问题时，我们只考虑在那里(比如说，在平面上某个紧集之外)为正的多项式 f，而当我们在原点附近讨论问题时，我们假设 f 在那里有一个孤立的局部极小值 0.

下面的例子展示了，即使在这样的限制下，引理 1 的最显然的推广也不成立. 我们也许会得到不同的上界和下界.

例 2 四次多项式 $f(x,y)=x^2+y^4$ 除了点(0,0)以外处处为正，在点(0,0)处它有一个孤立的局部极小值 0；这个零点的重数 $d=2$，即 f 中最低项的次数. 为了理解 f 在原点附近的界，我们可以限制在以原点为中心的一个小圆周 $x^2+y^2=\epsilon^2$ 上. 利用 Lagrange(拉格朗日)乘子法我们看到，对于充分小的 ϵ $\left(\text{在这个情形}, \epsilon<\frac{1}{\sqrt{2}}\right)$，在此圆周上恰有 4 个临界点 $(\pm\epsilon,0)$ 和 $(0,\pm\epsilon)$，因而当 $\sqrt{x^2+y^2}=\epsilon$ 时有

$$\epsilon^4=f(0,\pm\epsilon)\leqslant f(x,y)\leqslant f(\pm\epsilon,0)=\epsilon^2$$

因为在任意更小的圆周上相同的论证成立，我们就得到

$$\left(\sqrt{x^2+y^2}\right)^4\leqslant f(x,y)\leqslant\left(\sqrt{x^2+y^2}\right)^2 \quad \left(\sqrt{x^2+y^2}\ll 1\right)$$

我们到目前为止的分析导出下述猜想：

朴素的猜想1　对于两个变量的一个多项式f，如果它在点(0,0)处有一个孤立局部极小值0，那么存在一个常数$C_1>0$，使得(下文中$\deg f$表示多项式f的次数)

$$f(x,y)\geqslant C_1\left(\sqrt{x^2+y^2}\right)^{\deg f}\quad\left(\sqrt{x^2+y^2}\ll 1\right)$$

在另一个方向，涉及在一个紧集外为正的多项式在无穷远附近的性状，我们可以在此得到不同的上界和下界，并且下界甚至可以是一个常数．例如，当$\sqrt{x^2+y^2}\gg 1$时，多项式$f(x,y)=1+x^2y^2$满足形如

$$1=\left(\sqrt{x^2+y^2}\right)^0\leqslant f(x,y)\leqslant(1+\epsilon)\left(\sqrt{x^2+y^2}\right)^4$$

的不等式．这个观察可能会得到下述猜想：

朴素的猜想2　对于两个变量的一个多项式f，如果当$\sqrt{x^2+y^2}\gg 1$时，$f(x,y)>0$，那么存在一个常数$C_1>0$，使得

$$f(x,y)\geqslant C_1\quad\left(\sqrt{x^2+y^2}\gg 1\right)$$

两个密切相关的例子展示了这些猜想一般是不对的．

例3(朴素的猜想2的反例)　四次多项式

$$f(x,y)=(xy-1)^2+y^4$$

处处为正．沿着由$y=\frac{1}{x}(x\geqslant 1)$定义的双曲路径趋于无穷，我们看到

$$f\left(x,\frac{1}{x}\right)=\frac{1}{x^4}\to 0\quad(x\to\infty)$$

注意，当$x\to\infty$时，$\sqrt{x^2+x^{-2}}\sim|x|$，因而在这个特别的

双曲路径上$f(x,y)$消失的速率与$(\sqrt{x^2+y^2})^{-4}$消失的速率相同.

我们看到,即使对于在 $x-y$ 平面上处处为正的多项式,在无穷远处它也可以消失,因而关于多项式性状的自然的猜想 2 肯定是错的.

在原点处的讨论比在无穷远处的讨论多少要容易些,并且我们将会看到,对在一个零点处消失速率的理解等价于对在无穷远处消失速率的理解. 因而,在下述例子中我们尽可能明确地去理解在一个零点附近多项式的消失性状.

例 4(朴素的猜想 1 的反例) 四次多项式

$$f(x,y)=(y-x^2)^2+y^4$$

在点(0,0)处有一个二重零点. 注意,在经过原点的大多数路径上,例如,在经过原点的任意一条直线上,根的重数必定小于 f 的次数——告诉我们消失的速率. 例如,代换 $y=mx$ 给出一个一元多项式,并且引理 1 的界成立. 沿着直线 $x=0$ 趋近于(0,0),再次给出二阶消失.

然而,把 f 限制在抛物线 $y=x^2$ 上,当我们趋近于原点时,我们看到,f 消失的速率远快于零点的二重性,甚至快于多项式的次数四所表示的速率

$$f(x,x^2)=x^8 \quad (x\to 0,\sqrt{x^2+x^4}\sim |x|)$$

在这个抛物路径上,f 以八阶消失,两倍于 f 的次数. 因此我们关于在多项式零点附近性状的朴素的猜想 1 也是错的.

为了完成我们的分析,我们还需要确定不存在其

他经过原点的路径,在它上面f消失的速率快于在抛物线$y=x^2$上消失的速率.我们可以如例2中那样进行,并尝试计算f在以原点为中心的任意小的圆周上的极值.然而,计算f在以原点为中心具有角点$(\pm\epsilon,\pm\epsilon)$的小正方形$S_\epsilon$上的极值有同样的效果,并且计算更简单.

假设$\epsilon<1$,并令$\|(x,y)\|_{\sup}=\max\{|x|,|y|\}$表示上确界范数,我们的正方形$S_\epsilon$由$\|(x,y)\|_{\sup}=\epsilon$定义,它包含两个点$(\pm\epsilon,\epsilon^2)$,在这两个点处$f$取值$\epsilon^8$.

在4个角点处f取值$\epsilon^2\pm2\epsilon^3+2\epsilon^4$,当$\epsilon$充分小时它远大于$\epsilon^8$.这样,$f$在$S_\epsilon$上的最小值必定出现在其4条边之一的内部临界点上.容易验证,在顶边和底边上的唯一临界点是它们的中点,并且它们的取值不会是最小值,因为$f(0,\pm\epsilon)=\epsilon^2+\epsilon^4$远大于$\epsilon^8$.因为$f$是$x$的偶函数,因此一定可以在$S_\epsilon$的右边上的一个临界点处达到$f$的最小值.

计算$\frac{\partial f}{\partial y}(\epsilon,y)$,并令其为0,我们就知道$f$在正方形$S_\epsilon$上的最小值必定出现在某个点$(\epsilon,y_1)$处,$y_1$满足

$$2y_1^3+y_1=\epsilon^2$$

我们立即看到,f的最小值事实上不出现在抛物线$y=x^2$上,所以我们需要知道f可以小到什么程度.我们正好有足够的信息来得到f在正方形S_ϵ上的下界.注意,y_1在0和ϵ之间,并把f在正方形S_ϵ上的最小值用y_1表示出来

$$f(\epsilon,y_1)=y_1^2-2y_1\epsilon^2+\epsilon^4+y_1^4=4y_1^6+y_1^4$$

这样,因为 $\|(x,y)\|_{\sup}=\epsilon$,那么当 ϵ 趋于 0,因而当 y_1 趋于 0 时我们有

$$\frac{f(x,y)}{\|(x,y)\|_{\sup}^{8}}\geqslant\frac{4y_1^6+y_1^4}{(2y_1^3+y_1)^4}\to 1$$

给定任意 $\delta>0$,我们可以选取 ϵ 充分小,以保证在正方形 S_ϵ 上有

$$f(x,y)\geqslant(1-\delta)\|(x,y)\|_{\sup}^{8}$$

因而

$$f(x,y)\geqslant(1-\delta)\|(x,y)\|_{\sup}^{8}\quad(\|(x,y)\|_{\sup}\ll 1)$$

2. 对于一般的多项式求下界

一般地,给定任一个在点(0,0)处有孤立局部极小值0 的多项式f,我们期望在经过原点的大多数路径上,多项式的消失不快于由多项式次数所给出的速率,但是例 4 展示了在某些特殊的曲线上其消失的阶数可以大得多. 此外,例 4 还给出了一系列多项式

$$f_q(x,y)=(y-x^q)^2+y^{2q}\quad(q=2,3,\cdots)$$

这些多项式的消失阶数相比较其次数而言甚至更极端. 在曲线$(x,y)=(t,t^q)$上,我们看到$f_q(x,y)=t^{2q^2}$,并且当$|t|<1$ 时,$\|(t,t^q)\|_{\sup}=|t|$. 这样

$$f_q(t,t^q)\leqslant C\|(t,t^q)\|_{\sup}^{2q^2}=C\|(t,t^q)\|_{\sup}^{\frac{1}{2}(\deg f_q)^2}$$

例 4 中给出的一般分析推广到这些多项式,展示了对于任意 $\delta>0$,如果我们选取 $\epsilon>0$ 充分小,那么我们可以保证对 $\|(x,y)\|_{\sup}\ll 1$ 有

$$f_q(x,y)=(y-x^q)^2+y^{2q}\geqslant(1-\delta)\|(x,y)\|_{\sup}^{\frac{1}{2}(\deg f_q)^2}$$

这就给出了下述问题:

问题 1 给定一个在点(0,0)处有孤立极小值 0

的多项式f,是否总存在一个正指数$N=N(f)$和一个常数$C>0$,使得

$$f(x,y)\geqslant C\|(x,y)\|_{\sup}^{N}\quad(\|(x,y)\|_{\sup}\ll 1)$$

回到在无穷远附近有关多项式性状的类似问题,我们期望沿着到无穷远的大多数路径,多项式f由其次数决定的速率增长.然而,我们在例3中看到,f沿着某些到无穷远的特殊路径可以消失得快些.我们可以再次构造一系列类似的例子,它们有越来越特殊的性状.考虑$2q$次多项式

$$\tilde{f}_q(x,y)=(x^{q-1}y-1)^2+y^{2q}\quad(q=2,3,\cdots)$$

并考虑由$x=t,y=1/t^{q-1}$(其中$t\gg 1$)定义的路径;我们看到

$$\tilde{f}_q(t,1/t^{q-1})=\frac{1}{t^{2q(q-1)}}=\frac{1}{\|(t,1/t^{q-1})\|_{\sup}^{2q(q-1)}}$$

这就给出了在无穷远处消失速率的界的类似问题:

问题2　给定一个在平面中某个紧集外处处为正的多项式f,是否总存在一个正指数$M=M(f)$和一个常数$C>0$,使得

$$f(x,y)\geqslant\frac{C}{\|(x,y)\|_{\sup}^{M}}\quad(\|(x,y)\|_{\sup}\gg 1)$$

如果最后弄清楚总是存在这样的指数$N(f)$和$M(f)$,那么我们自然会问这些指数如何依赖f.只是知道f的次数是否足够了.

我们将看到,所有这些问题的答案都是肯定的,并且我们将只用标准大学本科数学教科书中的初等方法来证明这点.确切的陈述在我们的两个等价的主

要定理中给出:

定理 1(在一个零点处的消失) 如果$f(x,y)$是一两个变量的,在点$(0,0)$处有孤立局部极小值 0 的 n 次多项式,那么存在一个常 $C>0$,使得

$$f(x,y)\geqslant C\|(x,y)\|_{\sup}^{n(n-1)}\quad (\|(x,y)\|_{\sup}\ll 1)$$

定理 2(在无穷远处的消失) 如果$f(x,y)$是一两个变量的,在某个紧集外为正的 n 次多项式,那么存在一个常数 $C>0$,使得

$$f(x,y)\geqslant \frac{C}{\|(x,y)\|_{\sup}^{n(n-2)}}\quad (\|(x,y)\|_{\sup}\gg 1)$$

我们将首先证明定理 1,然后我们将解释它是如何等价于定理 2 的.

3. 关键引理

在这一节中,我们叙述关键引理,它将被用于证明定理 1. 首先,必要时我们会旋转坐标,以保证 x^n 和 y^n 都出现在$f(x,y)$中. $f(x,y)$的最高次项组成一个 n 次齐次多项式,它有 n 个复线性因子. 这些就决定了至多有 n 条实直线经过原点. 我们想避免坐标轴在这 n 条直线中,并且通过有限多个旋转就能做到这点.

如同在例 4 中一样,我们将考查 f 在以原点为中心的一个小正方形上的最小值. 最小值或者出现在角点(其分析很容易),或者出现在正方形的一条边上的内部临界点处.

只需对充分小的 ϵ 找到 f 在 S_ϵ 的右边上的一个下界. 然后,只需用 $-x$ 代替 x,或者用 $\pm x$ 代替 y,就可以看到沿着其他边也有一个类似的界.

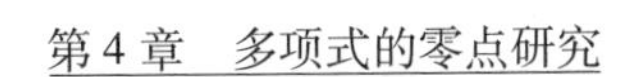

这样,我们最主要的目标是理解 f 沿着一个竖直线段在其临界点处的性状. 因为坐标的旋转已经保证了 y^n 出现在 $f(x,y)$ 中,所以我们知道,对于 x 的任何固定的选择,将导数 $\frac{\partial f}{\partial y}$ 看作 y 的多项式时恰为 $n-1$ 次的. 对于 1 到 $n-1$ 之间的 j,我们令 $\beta_j(x)$ 表示 f 的临界点,或者等价地,表示 $\frac{\partial f}{\partial y}$ 的根.

一般地,我们不知道根 β_j 是什么. 对于 f 和 x 的不同选择,这 $n-1$ 个根可能都是实的或都是复的;也许它们全部落在我们的小正方形的边上,也许没有一个落在上面.

学习多项式的课程之一——Galois(伽罗瓦)理论的一个重要领悟是我们必须同时处理所有的根以得到一般的说法. 过快地关注我们要的特殊的根会适得其反. 对所有的根同时进行讨论,我们需要一种适当选择的表达形式,这种形式对称地依赖于所有的根,即一种表达形式,其中所有的根 β_j 都被列出,但其次序不重要.

以求 f 的最小值为我们的终极目的,我们也许会考虑到两种最显然的对称表达式是和 $\sum\limits_{j=1}^{n-1} f(x,\beta_j)$ 与积 $\prod\limits_{j=1}^{n-1} f(x,\beta_j)$. 对于我们的目的而言,积似乎更有希望,因为我们最终感兴趣的是使 $f(x,\beta)$ 小的 β. 一个特别小的 $f(x,\beta)$ 在上述和式中只有些小影响,而它在乘积中有大的影响. 核心是这个乘积是 x 的一个多项式函数.

引理 2(关键引理) 考虑次数分别为 n 和 m 的两个变量 x 和 y 的多项式 f 和 g. 并且,假设 y^n 和 y^m 分别出现在 f 和 g 中,具有非零系数. 对于任意选择的 x 和 1 到 m 之间的 j,令 $\beta_j(x)$ 表示作为 y 的多项式的 g 的根. 那么

$$P(x) = \prod_{j=1}^{m} f(x, \beta_j(x))$$

是 x 的一个次数至多为 nm 的多项式. 并且,$P(x)$ 不恒等于 0,如果 f 和 g 没有公因子.

注 在引理 2 的叙述中,我们由方程 $g(x,y)=0$ 定义了 x 的 m 个函数 $\beta_1,\cdots,\beta_m$. 选取一个特别的 x,并解 $g(x,y)=0$,总是给出 m 个根的一个列表,但并不能给出一个有序的列表. 这对于我们并不重要,因为 $P(x)$ 对称地依赖于 g 的所有的根. 不管我们如何排列这 m 个根,我们总是得到 $P(x)$ 的相同的值.

下面,在我们用引理 2 来证明并确立了等价性后,我们将给出引理 2 的 3 个证明. 我们的关键引理的第一个证明稍微长些,但相当初等,只用到关于多项式和行列式的一些基本事实. 并且,它给出了由 f 和 g 的系数计算 $P(x)$ 的一个显式公式. 第二个证明较第一个稍短,也是代数的;它依赖于初等对称函数理论. 第三个证明利用了复分析中 Cauchy 积分公式的标准推论,其中包含了"**C** 上的任一解析函数,它在无穷远附近的增长如同一个多项式,那么它事实上是一个多项式"这样的事实.

4. 在点(0,0)附近的消失

我们观察到,只需对不可约多项式f写为不可约多项式的乘积$\prod_{i=1}^{k} f_i(x,y)$,其中f_i有次数n_i. 每个f_i在原点的一个有孔邻域中是非零的,因而它在那个邻域中不能改变符号. 这样,我们可以假设每个不可约因子在原点附近大于或等于零.

一旦不可约多项式f有了一个下界,其指数就是$\sum_{i=1}^{k} n_i(n_i-1)$. 因为

$$n(n-1)=\sum_{i=1}^{k} n_i(n-1) \geqslant \sum_{i=1}^{k} n_i(n_i-1)$$

我们就得到了所希望的f的下界.

现在,我们假设f是不可约的,并且我们将其最小值置于由$\|(x,y)\|_{\sup}=\epsilon$定义的小正方形$S_\epsilon$的右边上. 在引理2中,置$g=\frac{\partial f}{\partial y}$(因而$m=n-1$)以推断$P(x)$是$x$的次数至多为$n(n-1)$的一个多项式. 因为$f(x,y)$不可约,因而$f$本身是$f$和$g=\frac{\partial f}{\partial y}$唯一可能的公因子. 然而,$g$的次数是$n-1$,因此$f$不能整除$g$. 因而,$P(x)$不恒等于零.

由此即得,在$x=0$处$P(x)$有一个d重的零点,$d\leqslant n(n-1)$,因而由引理1我们知道,存在一个常数$C_1>0$,使得

$$|P(x)|\geqslant C_1|x|^d\geqslant C_1|x|^{n(n-1)} \quad (|x|\ll 1)$$

我们选取ϵ充分小,以保证这个不等式在S_ϵ的右边上

成立.

当 x 充分小时,可以直接找到临界点 β_j 的一个上界,因而对于出现在乘积 $P(x)$ 中的每个因子 $f(x,\beta_j(x))$ 也能找到上界. 我们需要下述引理:

引理 3 对于 $h(y)=y^m+c_1y^{m-1}+\cdots+c_{m-1}y+c_m$ 和 h 的任一根 γ,我们有

$$|\gamma|\leqslant \max\{1,\sum_{j=1}^{m}|c_j|\}$$

证明 证明极其简单. 任一根 γ 满足

$$\gamma^m=-c_1\gamma^{m-1}-\cdots-c_{m-1}\gamma-c_m$$

因而

$$|\gamma|\leqslant|c_1|+\left|\frac{c_2}{\gamma}\right|+\cdots+\left|\frac{c_{m-1}}{\gamma^{m-2}}\right|+\left|\frac{c_m}{\gamma^{m-1}}\right|$$

若 $|\gamma|\geqslant 1$,则 $|\gamma|\leqslant \sum\limits_{j=1}^{m}|c_j|$.

作为引理 3 的推论,我们有:

推论 1 存在正常数 C_2 和 M,使得当 $|x|\leqslant 1$,并且若 $\beta(x)$ 表示 $g(x,y)=0$ 的任一根时,则有

$$|\beta(x)|\leqslant C_2,|f(x,\beta(x))|\leqslant M$$

证明 g 的定义保证了我们可以写

$$g(x,y)=b_m(x)y^m+b_{m-1}(x)y^{m-1}+\cdots+b_1(x)y+b_0(x)$$

其中,对每个 j 有 $\deg b_{m-j}(x)\leqslant j$. 特别地,$b_m(x)$ 是一个常数.

用 g 的首项系数 b_m 除 g,得到如引理 4 中的 h. y^{m-j} 的系数将是次数至多为 j 的 x 的一个多项式 $\frac{b_{m-j}(x)}{b_m}$. 我们推断,对任意 x 有

$$|\beta(x)| \leqslant \max\{1, \sum_{j=1}^{m} |c_j(x)|\}$$

令 A_j 表示在由 $|x| \leqslant 1$ 定义的紧集上系数 $c_j = c_j(x)$ 的最大绝对值,则

$$|\beta(x)| \leqslant \max\{1, \sum_{j=1}^{m} A_j\} = C_2 \quad (|x| \leqslant 1)$$

类似地,令 M 是限制在由 $|x| \leqslant 1$ 和 $|y| \leqslant C_2$ 定义的紧集上 $|f|$ 的最大绝对值.

假设引理2成立,f 在 S_ϵ 的右边上的最小值或者出现在角点上,或者出现在一个内临界点 $(\epsilon, \beta_1(\epsilon))$ 处. 令 $y = \pm x$ 给出了角点,并把 f 约简为 x 的一个 n 次多项式,它在0处是一个 $d(d \leqslant n)$ 重的零点. 由引理1,存在一个正常数 C_3,使得当 $|x| \ll 1$ 时有

$$f(x, \pm x) \geqslant C_3 |x|^d \geqslant C_3 |x|^n \geqslant C_3 |x|^{n(n-1)}$$

类似地,由引理2和引理1,存在一个正常数 C_1,使得

$$|P(x)| \geqslant C_1 |x|^{n(n-1)} \quad (|x| \ll 1)$$

这样,由推论1,对任意临界点 $\beta_1(x)$,当 $|x| \ll 1$ 时有

$$|f(x, \beta_1(x))| = \frac{|P(x)|}{|f(x, \beta_2(x)) \cdots f(x, \beta_{n-1}(x))|} \geqslant \frac{C_1 |x|^{n(n-1)}}{M^{n-2}}$$

若我们假定 ϵ 充分小(以保证在 S_ϵ 上 $f(x,y) > 0$),则在我们的小正方形的右边上将有

$$f(x,y) \geqslant C|x|^{n(n-1)} = C \|(x,y)\|_{\sup}^{n(n-1)}$$

其中 $C = \min\{C_3, C_1/M^{n-2}\}$.

5. 在无穷远处的消失

假设$f(x,y)=\sum_{i+j\leqslant n}a_{ij}x^iy^j$是一个$n$次多项式，它在平面中的一个紧集外是正的. 我们就可以用它来证明在无穷远附近，f具有我们所希望的下界.

我们定义一个新的多项式$g(u,v)=u^nf\left(\frac{1}{u},\frac{v}{u}\right)$，并将证明：$g$在一个以$v$轴为中心的窄垂直带上的下界将产生当$|x|$充分大且$|x|\geqslant|y|$时，$f$具有我们所希望的下界.

对于任意正常数a，变换$x=\frac{1}{u},y=\frac{v}{u}$把$uv$-平面中由$0<u\leqslant a$，$-1\leqslant v\leqslant 1$定义的矩形$R_a^+$映为$xy$-平面中由$x\geqslant\frac{1}{a}$，$-x\leqslant y\leqslant x$定义的区域$H_a^+$. 令$R_a$表示矩形$-a\leqslant u\leqslant a$，$-a\leqslant v\leqslant 1$. 类似地，令$H_a$表示$xy$-平面中由$H_a^+$与其关于$y$轴的反射$H_a^-$的并集.

因为$f(x,y)$在一个紧集外是正的，即得n必定为偶数，并且当$|x|$充分大时，$f(x,y)$必定是正的. 由此我们推断，当$0<|u|\ll 1$时，$g(u,v)>0$. 当然，沿着直线$u=0$，g可能为零，但是不能恒等于零，因为f的n次项具有形式$a_{ij}x^iy^j$，其中$i+j=n$在$g(u,v)$中将产生形如$a_{ij}v^j$这样的项. [①]

这样，在任意充分窄的带$R_a(0<a\ll 1)$中，我们看

① 实际上，$g(u,v)|_{u=0}=\sum_{i+j=n}a_{ij}v^j$.

到至多除去有可能的有限个 g 在该处取值为0的点$(0,v_k)$外，$g(u,v)>0$. 因为在每个点$(0,v_k)$处 g 有孤立的局部极小值0，即得 $g(u,v-v_k)$. 这样，就存在正常数 C_k，使得在$(0,v_k)$的一个开邻域 N_k 中有

$$g(u,v-v_k)\geqslant C_k\|(u,v-v_k)\|_{\sup}^{n(n-1)}\geqslant C_k|u|^{n(n-1)}$$

注意，在从窄带 R_a 中去掉有限多个 N_k 后得到的紧集上，g 有正的最小值. 取 $C>0$ 为 C_k 的最小值，则当 a 充分小时，在整条带 R_a 上我们有

$$g(u,v)\geqslant C|u|^{n(n-1)}$$

回到 xy - 平面，我们在 H_a 上得到了 f 具有我们所希望的下界

$$f(x,y)=x^n g\left(\frac{1}{x},\frac{y}{x}\right)\geqslant x^n\cdot\frac{C}{|x|^{n(n-1)}}=\frac{C}{|x|^{n(n-2)}}$$

我们注意，交换 x 和 y 将把 H_a 变为一个顺着 y 轴分布的类似区域 $\widetilde{H}_a$，并且每个满足 $\|(x,y)\|_{\sup}>\frac{1}{a}$ 的点(x,y)至少落在这两个区域之一中.

6. 结式和 Sylvester(西尔维斯特)矩阵

在我们第一个初等的证明中，$P(x)$是一个次数至多为 nm 的多项式，我们多次利用了单变量多项式研究中的一个老工具，即结式，这是一个与判别式有密切关系的概念. 在19世纪，结式被认为是基本的概念，但是到了20世纪中叶，它被移到外围；例如，结式从 van der Waerden(范德瓦尔登)经典的《代数学(Algebra)》1959年的第4版中去掉了，并且在以后的版次中没有再出现过. 然而，它在现代计算代数几何学中再度流行,例如,作为重要的工具出现在新近的书中.我们在下面复习一些基本定义和事实.

定义 1 对于以 $\alpha_1,\alpha_2,\cdots,\alpha_n$ 为根的一个 n 次多项式 $f(y)=a_ny^n+\cdots+a_1y+a_0$ 和以 $\beta_1,\beta_2,\cdots,\beta_m$ 为根的一个 m 次多项式 $g(y)=b_my^m+\cdots+b_1y+b_0$,我们如下地形成 f 和 g 的结式 $R(f,g)$,即

$$R(f,g)=a_n^m\cdot b_m^n\cdot\prod_{\substack{1\leqslant i\leqslant n\\1\leqslant j\leqslant m}}(\alpha_i-\beta_j)$$

我们看到,$R(f,g)=0$ 当且仅当 f 与 g 有公共根.在 $g=f'$ 是 f 的导数多项式这个特殊情形时,$R(f,f')$ 称为 f 的判别式 $D(f)$,$D(f)$ 为 0 当且仅当 f 与 f' 有公共根,即 f 有重数大于 1 的根.

结式 $R(f,g)$ 是 $n+m$ 个变量 $\alpha_1,\cdots,\alpha_n$ 和 $\beta_1,\cdots,\beta_m$(原文把此处的 β_m 误为 β_n)的 nm 次多项式,其首项系数为 $a_n^m\cdot b_m^n$.因此可以把 $R(f,g)$ 写成 $R(\vec{\alpha},\vec{\beta})$.

引理 4 对于定义 1 中的 f 和 g,在 g 的每个根处对 f 取值,并取其乘积

$$P(f,g)=\prod_{j=1}^{m}f(\beta_j)$$

那么

$$R(f,g)=(-1)^{nm}\cdot b_m^n\cdot P(f,g)$$

在 g 是 f 的导数的特殊情形,有

$$D(f)=(na_n)^n\cdot P(f,f')$$

证明 为了证明引理 3,我们只需写成 $f(y)=a_n\prod\limits_{i=1}^{n}(y-\alpha_i)$,以得到

$$P(f,g)=\prod_{j=1}^{m}a_n\prod_{i=1}^{n}(\beta_j-\alpha_i)=a_n^m(-1)^{nm}\prod_{\substack{1\leqslant i\leqslant n\\1\leqslant j\leqslant m}}(\alpha_i-\beta_j)$$

再把它与定义1加以比较.

有关历史注解　Sylvester证明了两个多项式的结式可以作为由它们的系数形成的一个矩阵的行列式而计算得到. 他从如何把两个多项式——一个为 n 次，另一个为 m 次的 $m+n$ 个系数写成 $m+n$ 行开始，详细解释了这个过程. 这个阵列现在当然被称为Sylvester矩阵. 我们有趣地看到，在1840年Sylvester从未用"行列式"这个词. 他描述结式的计算只是用了偶排列和奇排列. 对于两个一般的二次多项式，他写下集合 $\{1,2,3,4\}$ 所有的排列，分类为12个正（偶）排列和12个负（奇）排列，来计算我们对他的 4×4 阵列的称谓"行列式"，他以这种方式说明他计算结式的方法.

定义2（Sylvester矩阵）　令 P_{n+m-1} 表示次数至多为 $n+m-1$ 的单变量多项式的 $n+m$ 维向量空间. 令 B_{n+m-1} 表示标准基 $\{y^{n+m-1},\cdots,y^2,y,1\}$. 对于给定的多项式 f 和 g，我们形成 P_{n+m-1} 中 $n+m$ 个向量的一个集合 $C(f,g)$，即

$$C(f,g)=\{y^{m-1}f,y^{m-2}f,\cdots,yf,f,y^{n-1}g,y^{n-2}g,\cdots,yg,g\}$$

对于 $i\in\{1,\cdots,m\}$，Sylvester矩阵 $S(f,g)$ 的第 i 行是 $y^{m-i}f$ 关于基 B_{n+m-1} 的坐标向量. 对于 $k\in\{1,\cdots,n\}$，Sylvester矩阵 $S(f,g)$ 的第 $m+k$ 行是 $y^{n-k}g$ 关于基 B_{n+m-1} 的坐标向量.

例5　对于 $m=2$ 和 $n=3$，令 $f(y)=a_3y^3+a_2y^2+a_1y+a_0$ 和 $g(y)=b_2y^2+b_1y+b_0$. 从 yf 和 f 形成

(Sylvester矩阵的)前两行. 从 y^2g, yg 和 g 形成后 3 行. 这样, $S(f,g)$ 是

$$\begin{pmatrix} a_3 & a_2 & a_1 & a_0 & 0 \\ 0 & a_3 & a_2 & a_1 & a_0 \\ b_2 & b_1 & b_0 & 0 & 0 \\ 0 & b_2 & b_1 & b_0 & 0 \\ 0 & 0 & b_2 & b_1 & b_0 \end{pmatrix}$$

引理 5(Sylvester) 对于定义 1 中的多项式 f 和 g, 我们有

$$R(f,g) = \det S(f,g)$$

我们先对首 1 多项式 f 和 g 证明此引理. 因为

$$\det S(f,g) = a_n^m b_m^n \det S\left(\frac{1}{a_n}f, \frac{1}{b_m}g\right)$$

并且显然对于 $R(f,g)$ 而言, 类似的关系也成立, 一般的情形将由此即得. 我们从两个简单的观察开始.

观察 1 $R(f,g)=0$, 当且仅当 $\det S(f,g)=0$, 当且仅当 f 和 g 有公因子.

$C(f,g)$ 中的向量是线性无关的, 因而它们是 P_{n+m-1} 的一组基, 当且仅当 Sylvester 矩阵 $S(f,g)$ 的行列式非零. 在那个情形, P_{n+m-1} 中的每个多项式, 特别是多项式 1, 可以写为 $C(f,g)$ 中向量的线性组合. 把此线性组合重新归并, 我们就看到: 存在次数至多为 $m-1$ 的多项式 u 和次数至多为 $n-1$ 的多项式 v, 使得

$$f(y)u(y) + g(y)v(y) \equiv 1$$

因而, $\det(S(f,g)) \neq 0$ 蕴含着 f 和 g 不能有公共根.

反之, 如果 $\det(S(f,g))=0$, 那么存在如上所述

的非零多项式 u 和 v,使得

$$f(y)u(y)+g(y)v(y)\equiv 0$$

这样,多项式 g 整除 f 和 u 的乘积,但是 g 的次数大于 u 的次数. 我们推得 f 和 g 有公因子,因而有公共根.

观察2　对于首1多项式 f 和 g, $S(f,g)$ 的行列式也是一个多项式,它以 $\alpha_1,\cdots,\alpha_n$ 和 $\beta_1,\cdots,\beta_m$ 为其 $n+m$ 个变量,并且 $R(f,g)$ 整除这个多项式.

$S(f,g)$ 前 m 行中的非零元素是 f 的系数,它们可以用 f 的根表示为

$$a_{n-i}=(-1)^i\sigma_i(\alpha_1,\cdots,\alpha_n)\quad(i=1,\cdots,n)$$

这里, σ_i 像通常一样,表示 $\alpha_1,\cdots,\alpha_n$ 次数为 i 的初等对称函数. 即 $\sigma_0=1$,对于 $i>0$, σ_i 是从所有 α 中选取 i 个元素乘积的和. 例如

$$\sigma_1=\alpha_1+\alpha_2+\cdots+\alpha_n$$

$$\sigma_2=\alpha_1\alpha_2+\cdots+\alpha_1\alpha_n+\alpha_2\alpha_3+\cdots+\alpha_2\alpha_n+\cdots+\alpha_{n-1}\alpha_n$$

$$\vdots$$

$$\sigma_n=\alpha_1\alpha_2\cdots\alpha_n$$

类似地,Sylvester 矩阵后 n 行中的非零元素是

$$b_{m-j}=(-1)^j\sigma_j(\beta_1,\cdots,\beta_m)\quad(j=1,\cdots,m)$$

把行列式展开就给出了 $n+m$ 个根的一个多项式.

因为当 f 和 g 有公共根,即对某个 i 和 j 有 $\alpha_i=\beta_j$ 时 $\det S(f,g)=\det S(\vec{\alpha},\vec{\beta})=0$,由此即得对任何 i 和 j, $\alpha_i-\beta_j$ 必定整除 $\det S(\vec{\alpha},\vec{\beta})$. 这样,结式 $R(\vec{\alpha},\vec{\beta})$ 整除 $\det S(\vec{\alpha},\vec{\beta})$.

断言1　多项式 $\det S(\vec{\alpha},\vec{\beta})$ 的次数为 nm,因而

$$\det S(f,g)=C_{m,n}\cdot R(f,g)$$

其中 $C_{m,n}$ 原则上依赖于次数 m 和 n.

证明 因为 $S(\vec{\alpha},\vec{\beta})$ 的第1行为

$$[\sigma_0(\vec{\alpha}) \quad -\sigma_1(\vec{\alpha}) \quad \sigma_2(\vec{\alpha}) \quad \cdots \quad (-1)^n\sigma_n(\vec{\alpha}) \quad 0 \quad \cdots \quad 0 \quad 0]$$

我们注意到第 j 列中非零项的次数是 $j-1$. 为了得到 S 的下一行,我们只需把非零元素向右移一列,并把多出来的零放到该行的起始处. 这样,第二行第 j 列的非零元素的次数是 $j-2$. 我们用这种方式继续做,当我们移到下一行以构造 S 的前 m 行时,把非零元素向右移一列,因此

$$S_{ij}=0 \text{ 或 } \deg S_{ij}=j-i$$

从多项式 g 和它的根 $\vec{\beta}$,用类似的方法可以得到 S 的后 n 行. 对于 $m+1\leqslant i\leqslant m+n$,我们有

$$S_{ij}=0 \text{ 或 } \deg S_{ij}=j-(i-m)$$

最后,$\det S$ 次数的界从下面的引理6即得.

引理6 令 $S=(s_{ij})$ 是一个 $(n+m)\times(n+m)$ 矩阵,其元素是多项式. 假设在前 m 行中 $s_{ij}=0$ 或 $\deg s_{ij}\leqslant j-i$,在后 n 行中 $s_{ij}=0$ 或 $\deg s_{ij}\leqslant j-(i-m)$,则 $\det S$ 是一个次数小于或等于 nm 的多项式.

证明 由定义我们看出,所有可能的项具有形式 $\prod\limits_{i=1}^{n+m} s_{i,\gamma(i)}$——至多差一个符号,其中 γ 是 $\{1,\cdots,n+m\}$ 的一个排列. 如果对于某个 i,$s_{i,\gamma(i)}=0$,那么乘积是零,它对于行列式没有影响. 否则,我们计算得到

$$\deg\prod_{i=1}^{n+m}s_{i,\gamma(i)} = \sum_{i=1}^{m}\deg s_{i,\gamma(i)} + \sum_{i=m+1}^{m+n}\deg s_{i,\gamma(i)}$$

$$\begin{aligned}&\leqslant \sum_{i=1}^{m}(\gamma(i)-i)+\sum_{i=m+1}^{m+n}(\gamma(i)-i+m)\\&=\sum_{i=1}^{m+n}\gamma(i)-\sum_{i=1}^{m+n}i+\sum_{i=m+1}^{m+n}m\\&=nm\end{aligned}$$

把所有这些项加起来,得到 $\det S$ 是一个次数小于或等于 nm 的多项式.

为了完成引理5的证明,并展示结式实际上与Sylvester矩阵的行列式是一样的,只需证明 $C_{m,n}=1$ 即可. 而这只需对 α 和 β 的进行选取,计算 R 和 $\det(S)$ 两者即可.

选取 $f(y)=y^n$,因而对所有 i 有 $\alpha_i=0$,并令 $g(y)=(y+1)^m$,因而对所有 j 有 $\beta_j=-1$. 那么每个因子 $\alpha_i-\beta_j=1$. 在此情形中的Sylvester矩阵是下三角的,沿着主对角线的元素都是1. 这样,对于 α 和 β 的这种特别选取,我们有

$$R(\vec{\alpha},\vec{\beta})=\det S(\vec{\alpha},\vec{\beta})=1$$

因而 $C_{m,n}=1$.

引理2的第一个证明　在这些预备性结果已建立的条件下,我们现在可以来证明我们的关键引理了. 我们令 $f(x,y)$ 和 $g(x,y)$ 如引理2中所述,并如前述,把它们视作系数在 $\mathbf{R}[x]$——具有实系数的 x 的多项式环中的 y 的多项式.

从引理4,引理5和引理6得到引理2,但是我们必须把整个过程仔细地想一想.

首先我们注意,$f(x,y)$ 中 y^{n-i} 的系数 $a_{n-i}(x)$ 的次

数至多为 i,类似地,$g(x,y)$ 中 y^{m-j} 的系数 $b_{m-j}(x)$ 的次数至多为 j. 由此即得,Sylvester 矩阵 $S(f,g)$ 具有引理 6 中所描述的形式,因而 $\det S(f,g)$ 是次数至多为 nm 的 x 的多项式. 为了强调这点,我们把它写为 $\det S(x)$.

对于 x 的任何特别的选取 $x=x_0$,$f(x_0,y)$ 和 $g(x_0,y)$ 两者都是具有实系数的 y 的多项式. 应用引理 4 和引理 5,我们可以推断 $(na_n)^nP(x_0)=\det S(x_0)$. 既然此式对 x_0 的任何选择都成立,我们就推断 $P(x)$ 也是次数至多为 nm 的 x 的多项式,再者,$P(x)\equiv 0$ 当且仅当对每个 x_0,$f(x_0,y)$ 和 $g(x_0,y)$ 有公共根. 我们必须证明,至少存在一个 x_0,$f(x_0,y)$ 和 $g(x_0,y)$ 没有公共根,除非 $f(x,y)$ 和 $g(x,y)$ 有公因子.

把 f 和 g 视作 $\mathbf{R}(x)[y]$——系数是 x 的有理函数的 y 的多项式环的元素. 既然 f 和 g 在 $\mathbf{R}[x,y]$(其元素为具有实系数的两个变量的多项式)中没有公因子,那么它们在 $\mathbf{R}(x)[y]$ 中也没有非平凡的公因子(因为在 $\mathbf{R}(x)[y]$ 中去分母,把我们带回到 $\mathbf{R}[x][y]=\mathbf{R}[x,y]$).

既然 $\mathbf{R}(x)[y]$ 是一个域上的单变量多项式环,我们就能在其中用 Euclidean 算法. 我们知道 f 和 g 是互素的,因此在 $\mathbf{R}(x)[y]$ 中我们可以找到 $\tilde{u}$ 和 $\tilde{v}$,使得

$$f(x,y)\tilde{u}(x,y)+g(x,y)\tilde{v}(x,y)=1$$

乘以一个非零多项式 $w(x)\in\mathbf{R}[x]$ 以去 $\tilde{u}$ 和 $\tilde{v}$ 的分

母,得到

$$f(x,y)u(x,y)+g(x,y)v(x,y)=w(x)$$

其中 u 和 v 在 $\mathbf{R}[x,y]$ 中.

选取 x_0,使 $w(x_0)\neq 0$. 由此得,对于同一个 y, $f(x_0,y)$和 $g(x_0,y)$不能都为零. 因而出现在 $P(x_0)$中的因子$f(x_0,\beta(x_0))$不能为零. 我们推断得 $P(x_0)\neq 0$;因而 $P(x)\neq 0$.

7. 引理 2 的另外两个证明

引理 2 的第二个和第三个证明的关键步骤,在于证明乘积 $P(x)$在无穷远附近的增长不快于一个次数为 nm 的多项式. 在引理 3 中给出的简单论证的一个小变动导出了所希望的结果.

引理 6　考虑任一多项式

$$h(y)=y^m+c_1(x)y^{m-1}+\cdots+c_{m-1}(x)y+c_m(x)$$

其中系数 $c_j(x)$对 x 的次数至多为 j. 令 $\beta(x)$表示 h 的任意根. 那么存在一个正常数 C_1,使得对所有满足 $|x|>1$的 x 有

$$|\beta(x)|\leqslant C_1|x|$$

证明　我们可以选择正常数 B_j,使得当$|x|>1$时有$|c_j(x)|\leqslant B_j|x|^j$. 固定 x,满足$|x|=r>1$,并考虑

$$\frac{h(ry)}{r^m}=y^m+\frac{c_1(x)}{r}y^{m-1}+\cdots+\frac{c_{m-1}(x)}{r^{m-1}}y+\frac{c_m(x)}{r^m}$$

因为 $\dfrac{\beta(x)}{r}$是 $h(ry)$的根,引理 3 就给出

$$\left|\frac{\beta(x)}{r}\right|\leqslant \max\left\{1,\sum_{j=1}^{m}\left|\frac{c_j(x)}{r^j}\right|\right\}\leqslant \max\left\{1,\sum_{j=1}^{m}B_j\right\}$$

取 $C_1=\max\{1,\sum_{j=1}^{m}B_j\}$，我们就有 $|\beta(x)|\leqslant C_1 r$.

这就直接给出关于 P 的增长的一个界.

推论 2 存在一个正常数 C_2，使得

$$|P(x)|\leqslant C_2|x|^{nm}\quad(|x|>1)$$

证明 因为 $f(x,y)=\sum_{i+j\leqslant n}a_{ij}x^iy^j$，并且 $|x|>1$，引理 6 即给出

$$\begin{aligned}|f(x,\beta(x))| &\leqslant \sum_{i+j\leqslant n}|a_{ij}||x|^i|\beta(x)|^j\\ &\leqslant \sum_{i+j\leqslant n}C_1^j|a_{ij}||x|^{i+j}\\ &\leqslant \sum_{i+j\leqslant n}C_1^j|a_{ij}||x|^n\end{aligned}$$

这样，存在一个正常数 C_3，如果 $|x|>1$，就有 $f(x,\beta(x))\leqslant C_3|x|^n$，并且

$$\begin{aligned}|P(x)| &= \prod_{j=1}^{m}|f(x,\beta_j(x))|\leqslant\prod_{j=1}^{m}C_3|x|^n\\ &= C_3^m|x|^{nm}=C_2|x|^{nm}\end{aligned}$$

引理 2 的第二个证明 我们回忆一下对称函数的基本定理：

定理 3 令 R 是具有单位元的任意交换环，并令 P 是系数在 R 中的不定元 $\gamma_1,\gamma_2,\cdots,\gamma_m$ 的任意对称多项式. 那么 P 是 γ 的初等对称函数 $\sigma_1,\sigma_2,\cdots,\sigma_m$ 的一个多项式，其系数在 R 中.

这个定理经常是作为基本的 Galois 理论的一个直接应用而被证明的.

在表达式 $P(x)=\prod\limits_{j=1}^{m}f(x,\beta_j)$ 中，我们把 x 和 β 视为独立变量. 那么 $P(x)$ 就是 β 的一个对称多项式，系数在 $R=\mathbf{R}[x]$ 中. 基本定理3就给出了

$$\prod_{j=1}^{m}f(x,\beta_j)=\sum a_{i_1i_2\cdots i_m}(x)\sigma_1^{i_1}(\vec{\beta})\sigma_2^{i_2}(\vec{\beta})\cdots\sigma_m^{i_m}(\vec{\beta})$$

其中，系数 $a_{i_1i_2\cdots i_m}(x)\in\mathbf{R}[x]$.

有了这些以后，我们现在固定 $x=x_0$，并令 $\beta_j=\beta_j(x_0)(1\leqslant j\leqslant m)$ 是多项式 $g(x_0,y)$ 的根. 在这些代换下，上式的左端变为 $P(x_0)$，而右端变为

$$\sum A_{i_1i_2\cdots i_m}(x_0)b_{m-1}(x_0)^{i_1}b_{m-2}(x_0)^{i_2}\cdots b_0(x_0)^{i_m}$$

其中 $A_{i_1i_2\cdots i_m}(x_0)$ 与 $a_{i_1i_2\cdots i_m}(x_0)$ 相差一个乘法常数，因为

$$\sigma_j(\beta_1(x_0),\cdots,\beta_m(x_0))=\frac{(-1)^j}{b_m}\cdot b_{m-j}(x_0)$$

既然 $b_{m-j}(x)$ 是 x 的多项式，那么 $P(x)$ 亦然.

现在我们知道了 $P(x)$ 是 x 的多项式，那么推论2就告诉我们，当 x 充分大时 $P(x)$ 的增长充其量像 $|x|^{nm}$. 换句话说，多项式 $P(x)$ 的次数至多为 nm.

现在，参考引理2第一个证明的结束处就看到，如果 $f(x,y)$ 和 $g(x,y)$ 没有公因子，那么 $P(x)\neq0$.

引理2的第三个证明(利用复分析)　复分析中的一个标准的定理告诉我们，(作为Cauchy积分公式的一个推论)在无穷远附近其增长如同多项式的一个整函数实际上必定是一个多项式. 这样，鉴于推论2，证明引理2的另一个方法是证明函数 $P(x)$ 是一个处

处有定义的、复变量 x 的解析函数.

为此,我们引进对称函数的一个新集合,并且我们用 Cauchy 积分公式证明这些对称函数是解析的.

引理 7 对于引理 2 中的函数 f 和 g,并对于任意整数 k,函数

$$\psi_k(x) = \sum_{j=1}^{m} f^k(x, \beta_j(x))$$

是 x 的解析函数.

注意,由于 $\psi_k(x)$ 对称地依赖于根 $\beta_1(x), \cdots, \beta_m(x)$,所以 $\psi_k(x)$ 是有意义的. 稍后我们将概述 Newton(牛顿)恒等式的一个证明,从而证明乘积 $P(x)$ 可以被写为函数 $\psi_1(x), \cdots, \psi_m(x)$ 的一个多项式. 由此即得 $P(x)$ 也是 x 的一个解析函数.

为了证明引理 7 为什么成立,我们来简单地回顾一下复分析中的一些初等事实. 假设 u 和 v 是复变量 y 的函数,在圆周 C_r 及其内部是全纯的,这里 C_r 由 $|y| = r$ 所定义. 注意,y_0 是函数 $\frac{v'}{v}$ 的一个极点,当且仅当 $v(y_0) = 0$. 此外,$\frac{v'}{v}$ 的所有极点都是单极点,在 y_0 处极点的留数是作为 v 的零点的 y_0 的重数 $m(y_0)$. 对于任意这样的 y_0 和任意正整数 k,类似地,我们可以观察到:函数 $u^k \cdot \frac{v'}{v}$ 或者在 y_0 处是解析的,或者在 y_0 处有一个极点,其留数为 $m(y_0) \cdot u^k(y_0)$. 这样,由 Cauchy 积分公式我们就有

$$\frac{1}{2\pi i}\int_{C_r} u^k(y)\frac{v'(y)}{v(y)}dy = \sum_{\substack{|y_0|<r \\ v(y_0)=0}} u^k(y_0)\cdot m(y_0)$$

固定某个 $N>0$. 对于任意 x,我们取 $u(y)=f(x,y)$和 $v(y)=g(x,y)$,并注意到,我们在推论1以及引理6中根的估计保证了只要 $|x|<N$,我们就可以把 v 的所有 m 个根 $\beta(x)$ 都包含在一个足够大的圆周 C_r 中,这里 r 只依赖于 N. 我们看到

$$\psi_k(x) = \sum_{j=1}^{m} f^k(x,\beta_j(x)) = \frac{1}{2\pi i}\int_{C_r} f^k(x,y)\frac{\frac{\partial g(x,y)}{\partial y}}{g(x,y)}dy$$

因为关于一个独立变量求微商可以与积分号交换次序,所以函数 $\psi_k(x)$ 是解析的.

Newton **恒等式** 给出任意集合 $\Gamma_m=\{\gamma_1,\gamma_2,\cdots,\gamma_m\}$,Newton 恒等式把 Γ_m 上的初等对称函数 $\sigma_1,\cdots,\sigma_m$ 与 Γ_m 上 m 个对称函数的另一个集合联系在一起. 这些对称函数被称为对称幂函数,并由

$$\psi_k(\gamma_1,\gamma_2,\cdots,\gamma_m)=\gamma_1^k+\gamma_2^k+\cdots+\gamma_m^k \quad (k=1,2,\cdots)$$

所定义. 注意,引理7中的解析函数 $\psi_k(x)$ 是 $\Gamma_m(x)=\{f(x,\beta_1(x)),f(x,\beta_2(x)),\cdots,f(x,\beta_m(x))\}$ 上对称幂函数的例子.

Newton 恒等式说,在任意 Γ_k 上

$$\sigma_1=\psi_1$$

$$2\sigma_2=\psi_1\sigma_1-\psi_2$$

$$3\sigma_3=\psi_1\sigma_2-\psi_2\sigma_1+\psi_3$$

$$\vdots$$

$$k\sigma_k = \sum_{j=1}^{m} (-1)^{j-1}\psi_j\sigma_{k-j}$$

（如前，我们令 $\sigma_0 = 1.$）由我们早先对于初等对称函数的定义，仅当 $k \geqslant i$ 时 $\sigma_i(\Gamma_k)$ 有意义. 当 $k < i$ 时，把 $\sigma_i(\Gamma_k)$ 定义为零函数是方便的.

我们不给出完整的证明，而只是给出关键步骤，来说明第 k 个 Newton 恒等式在 Γ_k 上成立. 为了把初等对称函数考虑进来，我们把 Γ_k 看作所有的根来构造一个首 1 多项式 $h(t)$，即

$$\begin{aligned} h(t) &= \prod_{i=1}^{k}(t-\gamma_i) \\ &= t^k - \sigma_1(\Gamma_k)t^{k-1} + \cdots \pm \sigma_{k-1}(\Gamma_k)t \mp \sigma_k(\Gamma_k) \end{aligned}$$

在任意根 γ_i 处取 h 的值，我们得到

$$0 = h(\gamma_i) = \gamma_i^k - \sigma_1\gamma_i^{k-1} + \cdots \pm \sigma_{k-1}\gamma_i \mp \sigma_k$$

其中所有的 σ 都在 Γ_k 上取值. 把这些等式对 i 从 1 到 k 相加，得到 k 个变量的第 k 个 Newton 恒等式

$$0 = \psi_k - \sigma_1\psi_{k-1} + \cdots \pm \psi_1\sigma_{k-1} \mp \sigma_k$$

一旦我们知道了对称函数中 k 个变量的一个恒等式成立，只需令多余的变量为零，那么较少变量的恒等式也成立. 再者，容易看到多于 k 个变量的第 k 个 Newton 恒等式也成立.

为了完成引理 2 的第三个证明，我们注意

$$P(x) = \prod_{j=1}^{m} f(x,\beta_j) = \sigma_m(f(x,\beta_1),\cdots,f(x,\beta_m))$$

并注意，Newton 恒等式允许我们把 $P(x) = \sigma_m(x)$ 递归地解为对称幂函数 $\psi_1(x),\psi_2(x),\cdots,\psi_m(x)$ 的（具有

有理系数的)多项式. 因为由引理 7 我们已经知道这些函数是解析的,所以我们可以推得 $P(x)$ 是解析的,因而是整函数.

8. 相关结果概述

这一系列结果是一种特殊情形的等价表述,不仅估计了一个多项式,而且估计了 $\mathbf{R}^n$ 或 $\mathbf{C}^n$ 上,或者在它们的各种子集上一组多项式或解析函数的最大值. 对于一个给定的 f,最优指数的值被称为 f 的 Lojasiewicz(洛雅希维奇)指数.

对于给定的一组多项式或解析函数,在这个领域中一些经典的研究成果回答了问题 1,但是没有提供实际的估计.

特殊函数的零点

第5章

§1 Bessel 函数的零点问题

问题1 若令 $y=ux^{-\frac{1}{2}}$,则 Bessel(贝塞尔)微分方程

$$x^2y''+xy'+(x^2-n^2)y=0$$

(这里 n 是一个非负整数)就化为

$$u''+\left[1+\left(\frac{1}{4}-n^2\right)\frac{1}{x^2}\right]u=0 \qquad (1)$$

(1)设 $u(x)$ 表示方程(1)的一个解(也就是方程(1)中当 $n=0$ 的情形). 用 $v(x)$ 表示方程

$$v''+v=0 \qquad (2)$$

的解.

试证明,若 α,β 是两个数,满足 $\beta>\alpha$ 且有相同的符号,则

$$(u'v-uv')\Big|_\alpha^\beta+\frac{1}{4}\int_\alpha^\beta\frac{uv}{x^2}\mathrm{d}x=0$$

由此证明,若 α,β 是 $v(x)$ 的相邻的两个零点,则函数 $u(x)$ 在区间 (α,β) 上至少

有一个零点,并且对每一个 a 值,Bessel 函数 $J_0(x)$ 在每一个形如$(a,a+\pi)$的区间上都有一个零点.

(2)用公式

$$J_{n+1}=-x^n\frac{d}{dx}\cdot\frac{J_n}{x^n}$$

证明,若 x_0,x_1 是函数 J_n 的具有相同符号的两个相邻零点,则函数 J_{n+1} 在 x_0 与 x_1 之间至少有一个零点.

证明 (1)$J_0(x)$的零点的分布. 用 $v(x)$ 乘式(1)(当 $n=0$ 时),用 $-u(x)$ 乘式(2),然后把这些结果加起来,就得到

$$u''v-v''u+\frac{1}{4x^2}uv=0$$

前两项的和是 $u'v-uv'$ 的导数. 如果关于 x 在两个实数 α 与 β 之间积分,得

$$(u'v-uv')\Big|_\alpha^\beta+\frac{1}{4}\int_\alpha^\beta\frac{uv}{x^2}dx=0$$

若 α 与 β 是 $v(x)$ 的两个零点,则有

$$u(\beta)v'(\beta)-u(\alpha)v'(\alpha)=\frac{1}{4}\int_\alpha^\beta\frac{uv}{x^2}dx \qquad (3)$$

因为 $u(x)$ 与 $v(x)$ 分别是式(1)(当 $n=0$ 时)与(2)的解,所以它们是连续可微的. 因此,若 α,β 是 $v(x)$ 的两个相邻零点,则下述三个断言成立:

(a)$v(x)$ 在开区间 $\alpha<x<\beta$ 上,保持符号不变;

(b)$v'(\alpha)$ 或者是零,或者在该区间上与 $v(x)$ 有相同的符号;

(c)$v'(\beta)$ 或者是零,或者在该区间上与 $v(x)$ 有相反的符号.

今假定 $u(x)$ 不恒为零，并且在区间 $\alpha<x<\beta$ 上不变号. 为确定起见，假定 $u(x)\geqslant 0$.

式(3)的右端不为零，且与 $v(x)$ 有相同的符号，而式(3)的左端或者是零，或者与 $v(x)$ 有相反的符号. 这就导致矛盾. 根据类似的理由可以证明 $u(x)$ 不可能是负的. 因此，$u(x)$ 在这个区间上至少改变一次符号. 因为函数 $u(x)$ 是连续的，所以它在 α 与 β 之间至少有一个零点.

现在，式(2)的通解是

$$v(x)=A\cos x+B\sin x$$

对任意的数 a，有 $v(a+\pi)=-v(a)$. 若 a 是 $v(x)$ 的零点，则 $a+\pi$ 也是它的零点，由三角函数的性质推出，a 与 $a+\pi$ 是相邻零点，而且存在着式(2)的一个解 $v(x)$，它以 a 为零点. 因此 Bessel 函数 $J_0(x)$ 在每一个形如 $(a,a+\pi)$ 的区间上有一个零点，这里 a 与 $a+\pi$ 有相同的符号.

(2)现在来研究 $J_n(x)$ 的零点. 函数 $\frac{J_n(x)}{x^n}$ 对所有的 x 都是连续可微的，包括 $x=0$. 除去 $J_n(0)$ 可以是 0 以外，$J_n(x)$ 与 $\frac{J_n(x)}{x^n}$ 有相同的零点. Rolle(罗尔)定理指出，在 $\frac{J_n(x)}{x^n}$ 的两个零点之间，函数 $\left(\frac{\mathrm{d}}{\mathrm{d}x}\right)\left(\frac{J_n(x)}{x^n}\right)$ 至少有一个零点. 因此，在 J_n 的两个同符号的非零零点之间，J_{n+1} 至少有一个零点. 在 $J_n(x)$ 的每一个具有 p 个零点的区间上，我们可以肯定 $J_{n+1}(x)$ 至少具有 $p-$

1个零点.

§2　当 $t\to\infty$ 时,$J_0(t)$ 的渐近性质

数值计算表明,$J_0(t)$ 的一般性状如一条衰减的正弦曲线. 为了更精确地指出对于充分大的 t 值,$J_0(t)$ 的确趋近于那样一种正弦曲线,现在来做一些定量的说明. 这种正弦曲线的方程是

$$y=\left(\frac{2}{\pi t}\right)^{\frac{1}{2}}\cos\left(t-\frac{\pi}{4}\right)$$

我们可以写出

$$J_0(t)=\left(\frac{2}{\pi t}\right)^{\frac{1}{2}}\left[\cos\left(t-\frac{\pi}{4}\right)+\varepsilon(t)\right]$$

这里当 $t\to\infty$ 时,函数 $\varepsilon(t)$ 趋向于零. 尽管可以用渐近展开的形式精确地描述 $\varepsilon(t)$ 的性状,但是本练习的目的在于证明上面的公式,而不是深入讨论渐近展开的概念.

问题1　(1)证明,当 $0\leqslant\omega\leqslant1$ 时,函数

$$\varphi(\omega)=\frac{1}{(1-\omega^2)^{\frac{1}{2}}}-\frac{1}{[2(1-\omega)]^{\frac{1}{2}}}\tag{4}$$

是连续的. 试证明,存在常数 α 与 β,使得

$$|\varphi(\omega)|\leqslant\alpha,|\varphi'(\omega)|\leqslant\frac{\beta}{(1-\omega)^{\frac{1}{2}}}\quad(0\leqslant\omega<1)$$

(2)考虑 Bessel 函数

$$J_0(t)=\frac{2}{\pi}\int_0^1\frac{\cos\omega t}{(1-\omega^2)^{\frac{1}{2}}}\mathrm{d}\omega\tag{5}$$

用$\frac{1}{[2(1-\omega)]^{\frac{1}{2}}}+\varphi(\omega)$代替$\frac{1}{(1-\omega^2)^{\frac{1}{2}}}$，这就将 $J_0(t)$ 化为了两个积分 $A(t)$ 与 $B(t)$ 的和的形式. 借助变量替换 $\omega=1-\frac{s^2}{t}$，试证明

$$A(t)=\frac{2}{\pi}\cdot\frac{\sqrt{2}}{\sqrt{t}}\int_0^{\sqrt{t}}(\cos t\cos s^2+\sin t\sin s^2)\mathrm{d}s$$

接着证明

$$A(t)=\left(\frac{2}{\pi t}\right)^{\frac{1}{2}}\left[\cos\left(t-\frac{\pi}{4}\right)+\varepsilon_1(t)\right] \tag{6}$$

这里当 $t\to\infty$ 时，函数 $\varepsilon_1(t)$ 趋向于零.

(3) 证明式(6)对 $J_0(t)$ 也适用；也就是说，对充分大的 t 值，函数 $J_0(t)$ 可表示为下述形式

$$J_0(t)=\left(\frac{2}{\pi t}\right)^{\frac{1}{2}}\left[\cos\left(t-\frac{\pi}{4}\right)+\varepsilon(t)\right]$$

这里当 $t\to\infty$ 时，$\varepsilon(t)$ 趋向于零.

证明 (1) 研究函数 $\varphi(\omega)$，我们有

$$\varphi(\omega)=\frac{1}{(1-\omega^2)^{\frac{1}{2}}}-\frac{1}{[2(1-\omega)]^{\frac{1}{2}}}$$

当 $0\leqslant\omega\leqslant 1$ 时，这个函数是连续的. 为了研究在 $\omega=1$ 的邻域中 $\varphi(\omega)$ 的性质，设 $1-\omega=s$ 有

$$\varphi(\omega)=\frac{1}{(2s)^{\frac{1}{2}}}\left(\frac{1}{\left[1-\left(\frac{s}{2}\right)\right]^{\frac{1}{2}}}-1\right)$$

当 $s\to 0$ 时，表达式$\frac{1}{\left[1-\left(\frac{s}{2}\right)\right]^{\frac{1}{2}}}-1$ 等价于$\frac{s}{4}$. 因

此 $\varphi(\omega)$ 趋向于 0. 因为 $\varphi(\omega)$ 在闭区间$0\leqslant\omega\leqslant1$上是连续的,所以它是有界的. 这样一来,存在一个常数 α,使得$|\varphi(\omega)|<\alpha$.

现在考查 $\varphi'(\omega)$. 我们有

$$\varphi'(\omega)=\frac{\omega}{(1-\omega^2)^{\frac{3}{2}}}-\frac{1}{2\sqrt{2}}\cdot\frac{1}{(1-\omega)^{\frac{3}{2}}}$$

$$=\frac{1}{(2s)^{\frac{3}{2}}}\left(\frac{1-s}{\left[1-\left(\frac{s}{2}\right)\right]^{\frac{3}{2}}}-1\right)$$

当 $0<s\leqslant1$ 时,函数$\frac{1}{s}\left(\frac{1-s}{\left[1-\left(\frac{s}{2}\right)\right]^{\frac{3}{2}}}-1\right)$是连续的. 在 $s=0$ 的邻域里,括号中的表达式可展为(只取一项),$-\frac{1}{4}s+\cdots$,这样一来,当用$\frac{1}{s}$乘这个表达式时,其乘积有极限. 因为当 $0\leqslant s\leqslant1$ 时,这个函数是连续的,所以它是有界的,从而存在常数 β,使得

$$|\varphi'(\omega)|<\frac{\beta}{s^{\frac{1}{2}}}\text{或}|\varphi'(\omega)|<\frac{\beta}{(1-\omega)^{\frac{1}{2}}}$$

(2)函数 $A(t)$的渐近表示. 我们有

$$\mathrm{J}_0(t)=\frac{2}{\pi}\int_0^1\cos\omega t\left(\frac{1}{[2(1-\omega)]^{\frac{1}{2}}}+\varphi(\omega)\right)\mathrm{d}\omega$$

$$=A(t)+B(t)$$

这里

$$A(t)=\frac{2}{\pi}\int_0^1\frac{\cos\omega t}{[2(1-\omega)]^{\frac{1}{2}}}\mathrm{d}\omega$$

作替换 $\omega=1-\frac{s^2}{t}$,得到

$$d\omega = -\frac{2s\,ds}{t}, \cos \omega t = \cos(t - s^2)$$

$$[2(1-\omega)]^{\frac{1}{2}} = \left[2\left(\frac{s^2}{t}\right)\right]^{\frac{1}{2}} = s\left(\frac{2}{t}\right)^{\frac{1}{2}}$$

若 $\omega = 0$，则 $s = \sqrt{t}$；若 $\omega = 1$，则 $s = 0$.

我们有

$$\begin{aligned} A(t) &= \frac{2}{\pi}\left(\frac{2}{t}\right)^{\frac{1}{2}} \int_0^{\sqrt{t}} \cos(t - s^2)\,ds \\ &= \frac{2}{\pi}\left(\frac{2}{t}\right)^{\frac{1}{2}} \int_0^{\sqrt{t}} (\cos t \cos s^2 + \sin t \sin s^2)\,ds \end{aligned}$$

积分 $I = \int_0^{\infty} \cos s^2 ds$ 与 $J = \int_0^{\infty} \sin s^2 ds$（Fresnel（菲涅耳）积分）都是收敛的，并且

$$I = J = \frac{1}{2}\left(\frac{\pi}{2}\right)^{\frac{1}{2}}$$

这样，当 $t \to \infty$ 时，积分 $\int_{\sqrt{t}}^{\infty} \cos s^2 ds$ 与 $\int_{\sqrt{t}}^{\infty} \sin s^2 ds$ 都趋向于零.

因为 $\cos t$ 与 $\sin t$ 都是有界的函数，所以，当 t 无限增大时

$$\int_{\sqrt{t}}^{\infty} (\cos t \cos s^2 + \sin t \sin s^2)\,ds = \eta(t)$$

也趋向于零. 这样一来，我们有

$$\begin{aligned} A(t) &= \frac{2}{\pi}\left(\frac{2}{t}\right)^{\frac{1}{2}} [I\cos t + J\sin t - \eta(t)] \\ &= \frac{2}{\pi}\left(\frac{2}{t}\right)^{\frac{1}{2}} \cdot \frac{1}{2}\left(\frac{\pi}{2}\right)^{\frac{1}{2}} [\cos t + \sin t + \varepsilon_1(t)] \end{aligned}$$

其中当 $t \to \infty$ 时，$\varepsilon_1(t)$ 趋向于零，也就是

$$A(t)=\left(\frac{2}{\pi t}\right)^{\frac{1}{2}}\left[\cos\left(t-\frac{\pi}{4}\right)+\varepsilon_1(t)\right]$$

(3) $J_0(t)$的渐近表示. 我们仍需研究当$t\to\infty$时，$B(t)$的性质,这里

$$B(t)=\frac{2}{\pi}\int_0^1\varphi(\omega)\cos\omega t\mathrm{d}\omega$$

由分部积分法可得

$$B(t)=\frac{2}{\pi}\left[\frac{\varphi(\omega)\sin\omega t}{t}\right]\Bigg|_0^1-\frac{2}{\pi}\int_0^1\frac{\varphi'(\omega)\sin\omega t}{t}\mathrm{d}\omega$$

由$|\varphi(\omega)|$与$|\varphi'(\omega)|$的上估计,我们可以得到$|B(t)|$的上估计

$$|B(t)|\leqslant\frac{2}{\pi}\cdot\frac{2\alpha}{t}+\frac{2}{\pi t}\int_0^1\frac{\beta\mathrm{d}\omega}{(1-\omega)^{\frac{1}{2}}}=\frac{4}{\pi t}(\alpha+\beta)$$

若设

$$\varepsilon_2(t)=B(t)\left(\frac{\pi t}{2}\right)^{\frac{1}{2}}$$

则有

$$|\varepsilon_2(t)|\leqslant2(\alpha+\beta)\left(\frac{2}{\pi t}\right)^{\frac{1}{2}}$$

于是当t无限增大时,$\varepsilon_2(t)$趋向于零.

现在回到$J_0(t)=A(t)+B(t)$,我们得到

$$J_0(t)=\left(\frac{2}{\pi t}\right)^{\frac{1}{2}}\left[\cos\left(t-\frac{\pi}{4}\right)+\varepsilon_1(t)+\varepsilon_2(t)\right]$$

最后

$$J_0(t)=\left(\frac{2}{\pi t}\right)^{\frac{1}{2}}\left[\cos\left(t-\frac{\pi}{4}\right)+\varepsilon(t)\right]$$

这里当t无限增大时,$\varepsilon(t)$趋向于零.

§3　变摆长的单摆运动

Bessel 函数有许多应用,本练习的目的是给出 Bessel 函数在力学问题中的一个应用. 我们要讨论的问题是摆长与时间成比例变化的单摆运动. 实际构造这样一个单摆是不困难的,我们希望找出这种单摆的振动,它的周期和振幅是摆长的函数,即是时间的函数.

问题 1　在一个无质量的长度为 ρ 的线的一端拴上一个单位质量的物体就构成了一个单摆. 这样选取单位,使得 ρ 与 t 之间的关系为

$$\rho = gt$$

这里 g 是重力加速度.

(1)证明在小振动的情况下,微分方程可写作

$$t\frac{\mathrm{d}^2\theta}{\mathrm{d}t^2}+2\frac{\mathrm{d}\theta}{\mathrm{d}t}+\theta=0 \tag{7}$$

这里 θ 是摆线与竖直线之间的夹角.

证明这个方程的一个特解是

$$\theta_1=\frac{\mathrm{J}_1(2\sqrt{t})}{\sqrt{t}} \tag{8}$$

这里 J_1 是一阶 Bessel 函数.

(2)知道了这个特解 θ_1 以后,用积分表示式(7)的通解. 试证明,在 $t=0$ 的邻域中,式(7)的每一个有界的解都是 θ_1 与一个常数的乘积.

证明　(1)小振动情况下的微分方程. 为了得到点 M 运动的微分方程,我们只需要写出在摆线的垂直方向上的基本动态方程. 沿摆线方向的投影会给出摆线的张力(图1).

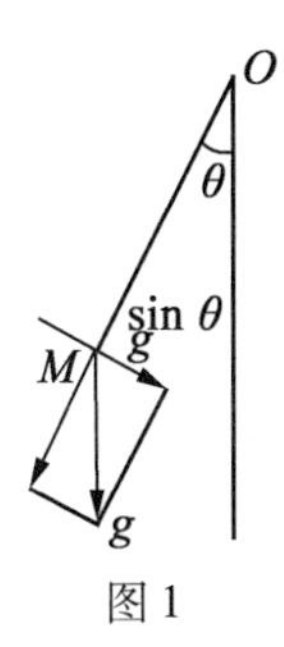

图1

点 M 的加速度的投影是

$$\Gamma_{\theta}=2\frac{\mathrm{d}\rho}{\mathrm{d}t}\cdot\frac{\mathrm{d}\theta}{\mathrm{d}t}+\rho\frac{\mathrm{d}^2\theta}{\mathrm{d}t^2}$$

力的投影是 $-g\sin\theta$. 这样一来,我们有

$$2g\frac{\mathrm{d}\theta}{\mathrm{d}t}+gt\frac{\mathrm{d}^2\theta}{\mathrm{d}t^2}=-g\sin\theta$$

由此我们得到运动的微分方程

$$t\frac{\mathrm{d}^2\theta}{\mathrm{d}t^2}+2\frac{\mathrm{d}\theta}{\mathrm{d}t}+\sin\theta=0$$

用 θ 代替 $\sin\theta$ 就得到在小振动情况下(也就是在 θ 值很小的情况下)的运动方程

$$t\frac{\mathrm{d}^2\theta}{\mathrm{d}t^2}+2\frac{\mathrm{d}\theta}{\mathrm{d}t}+\theta=0 \tag{9}$$

因为 t 是非负的,所以作变量替换 $u=2\sqrt{t}$,就可得到

$$\frac{\mathrm{d}\theta}{\mathrm{d}t}=\frac{\mathrm{d}\theta}{\mathrm{d}u}\cdot\frac{1}{\sqrt{t}}=\frac{2}{u}\cdot\frac{\mathrm{d}\theta}{\mathrm{d}u}$$

$$\frac{d^2\theta}{dt^2}=\frac{d}{du}\left(\frac{2}{u}\cdot\frac{d\theta}{du}\right)\frac{du}{dt}=\frac{4}{u^2}\left(\frac{d^2\theta}{du^2}-\frac{1}{u}\cdot\frac{d\theta}{du}\right)$$

方程(9)化为

$$\frac{d^2\theta}{du^2}+\frac{3}{u}\frac{d\theta}{du}+\theta=0$$

这个方程来自 Bessel 方程,只要作变量替换 $\theta=\frac{x}{u}$ 就可将它化为一阶 Bessel 方程

$$u^2x''+ux'+(u^2-1)x=0$$

这个方程的一个特解是 Bessel 函数 $J_1(t)$,因此式(9)的一个特解是

$$\theta_1(t)=\frac{J_1(2\sqrt{t})}{\sqrt{t}} \tag{10}$$

利用 $J_1(t)$ 的幂级数展开式可以使我们对 $\theta_1(t)$ 的性质有更精确的了解

$$\theta_1(t)=\frac{1}{\sqrt{t}}\sqrt{t}\left[1-\frac{(\sqrt{t})^2}{2}+\cdots+\frac{(-1)^n}{n!\ (n+1)!}(\sqrt{t})^{2n}+\cdots\right]$$

$$=1-\frac{t}{2}+\cdots+\frac{(-1)^n}{n!\ (n+1)!}t^n+\cdots \tag{11}$$

函数 $\theta_1(t)$ 是一个整函数. 特别地,在 $t=0$ 处,$\theta_1(t)$ 是连续的,而且 $\theta_1(0)=1$.

(2)微分方程的通解. 设

$$\theta(t)=z(t)\theta_1(t)$$

于是

$$\theta'(t)=z'\theta_1+z\theta'_1$$

$$\theta''(t)=z''\theta_1+2z'\theta'_1+z\theta''_1$$

将 θ 的这些值和它们的导数代入式(9),记着 θ_1 是式

(9)的解,则得到

$$2z'\theta_1 + tz''\theta_1 + 2tz'\theta'_1 = 0$$

或

$$\frac{z''}{z'} = -2\frac{\theta_1 + t\theta'_1}{t\theta_1} = -\frac{2}{t} - \frac{2\theta'_1}{\theta_1}$$

我们有

$$\log z' = -2\log t - 2\log \theta_1 + K \quad (z' = \frac{C}{t^2\theta_1^2})$$

这里 C 与 K 都是常数. 因此

$$z(t) = C\int_{t_0}^{t} \frac{\mathrm{d}v}{v^2\theta_1^2(v)} + A \quad (t_0 > 0)$$

对于 t_0 的一个固定的非零值,得出式(9)的一个特解. 因此,式(9)的通解是

$$\theta(t) = C\theta_1(t)\int_{t_0}^{t} \frac{\mathrm{d}v}{v^2\theta_1^2(v)} + A\theta_1(t) \qquad (12)$$

当 t 趋向于 0 时,$\theta_1(t)$ 趋向于 1. 因为这个积分是发散的,所以对 C 的非零值,这个微分方程的解式(12)在零的邻域里是无界的. 这样一来,仅有的有界解具有下述形式

$$\theta(t) = A\theta_1(t)$$

它们都是连续的,而且

$$\theta(0) = A$$

利用函数表,我们容易作出 $\theta(t)$ 的曲线. 它的样子像递减的正弦曲线.

特别地,当 x 充分大时,$\mathrm{J}_1(x)$ 的零点的位置非常接近形如 $\frac{\pi}{4} + n\pi$(n 是整数)的点;因此,$\mathrm{J}_i(2\sqrt{t})$ 的零

点渐近于点$\frac{1}{4}\left(\frac{\pi}{4}+n\pi\right)^2$. 两个相邻零点之间的距离随 n 阶线性地变化. 由此推出,当摆长增加时,振动的周期作为时间的线性函数而增加,也就是作为摆长的线性函数而增加,摆线越长这一规律越准确.

零点的分布

第  章

§1 $P_n(\cos\theta)$的零点分布

1. Bruns(布鲁恩斯)不等式

$P_n(x)$的 n 个零点均为单零点,在实轴的开区间$(-1,1)$中,且对原点对称. 进行变换

$$x=\cos\theta \tag{1}$$

则它建立 θ 的闭区间$[0,\pi]$与 x 轴的闭区间$[-1,1]$一一连续对应关系. 因此在$(0,\pi)$中 $P_n(\cos\theta)$有且仅有 n 个零点,我们把它们记作

$$\vartheta_v=\vartheta_{v,n}\quad(v=1,2,\cdots,n)$$

并已按上升次序排好,即

$$0<\vartheta_1<\vartheta_2<\cdots<\vartheta_v<\vartheta_{v+1}<\cdots<\vartheta_n<\pi \tag{2}$$

令

$$x_v=x_{v,n}=\cos\vartheta_v\quad(v=1,2,\cdots,n) \tag{3}$$

则知 $x_v(v=1,2,\cdots,n)$ 为 $P_n(x)$ 的 n 个零点，其排列次序为

$$-1<x_n<x_{n-1}<\cdots<x_2<x_1<1 \tag{4}$$

我们知道，不论 n 为奇数或偶数，$P_n(x)$ 恒有 $\left[\frac{n}{2}\right]$ 个正零点；因而在 $\left(0,\frac{\pi}{2}\right)$ 中，$P_n(\cos\theta)$ 也恒有 $\left[\frac{n}{2}\right]$ 个零点 $\vartheta_v\left(v=1,2,\cdots,\left[\frac{n}{2}\right]\right)$.

现在将证明下述定理：

定理 1 函数 $P_n(\cos\theta)$ 在 $(0,\pi)$ 中的 n 个零点满足不等式

$$\frac{v-\frac{1}{2}}{n+\frac{1}{2}}\pi<\vartheta_v<\frac{v}{n+\frac{1}{2}}\pi \quad (v=1,2,\cdots,n) \tag{5}$$

为了证明此定理，先证明下述两条引理：

引理 1 令

$$u=u(\theta)=(\sin\theta)^{\frac{1}{2}}P_n(\cos\theta) \tag{6}$$

则 $u(\theta)$ 为微分方程

$$\frac{d^2u}{d\theta^2}+\left\{\left(n+\frac{1}{2}\right)^2+\frac{1}{4\sin^2\theta}\right\}u=0 \tag{7}$$

的一个非平凡解.

证明 由式(1)知

$$\frac{dw}{dx}=\frac{dw}{d\theta}\cdot\frac{d\theta}{dx}=-\frac{1}{\sin\theta}\frac{dw}{d\theta} \tag{8}$$

$$\frac{d^2w}{dx^2}=\frac{1}{\sin^2\theta}\frac{d^2w}{d\theta^2}-\frac{\cos\theta}{\sin^3\theta}\frac{dw}{d\theta} \tag{9}$$

以式(1)(8)和(9)代入 Legendre(勒让德)微分方程

$$(1-x^2)\frac{\mathrm{d}^2w}{\mathrm{d}x^2}-2x\frac{\mathrm{d}w}{\mathrm{d}x}+n(n+1)w=0 \qquad (10)$$

即得

$$(1-\cos^2\theta)\left(\frac{1}{\sin^2\theta}\frac{\mathrm{d}^2w}{\mathrm{d}\theta^2}-\frac{\cos\theta}{\sin^3\theta}\frac{\mathrm{d}w}{\mathrm{d}\theta}\right)+$$

$$\frac{2\cos\theta}{\sin\theta}\frac{\mathrm{d}w}{\mathrm{d}\theta}+n(n+1)w=0$$

也就是

$$\frac{\mathrm{d}^2w}{\mathrm{d}\theta^2}+\frac{\cos\theta}{\sin\theta}\frac{\mathrm{d}w}{\mathrm{d}\theta}+n(n+1)w=0 \qquad (11)$$

对方程(11)再进行变换

$$w=(\sin\theta)^{-\frac{1}{2}}u \qquad (12)$$

由式(12)可以求得

$$\frac{\mathrm{d}w}{\mathrm{d}\theta}=(\sin\theta)^{-\frac{1}{2}}\frac{\mathrm{d}u}{\mathrm{d}\theta}-\frac{1}{2}(\sin\theta)^{-\frac{3}{2}}u\cos\theta$$

$$\frac{\mathrm{d}^2w}{\mathrm{d}\theta^2}=(\sin\theta)^{-\frac{1}{2}}\frac{\mathrm{d}^2u}{\mathrm{d}\theta^2}-(\sin\theta)^{-\frac{3}{2}}\cos\theta\frac{\mathrm{d}u}{\mathrm{d}\theta}+$$

$$\frac{u}{2}\left\{(\sin\theta)^{-\frac{1}{2}}+\frac{3}{2}\frac{\cos^2\theta}{(\sin\theta)^{\frac{5}{2}}}\right\}$$

由此即得

$$\frac{\mathrm{d}^2u}{\mathrm{d}\theta^2}+u\left\{\frac{1}{2}+\frac{1-\sin^2\theta}{4}\cdot\frac{1}{\sin^2\theta}+n(n+1)\right\}=0$$

化简后即得式(7).

由式(10)及(11)即知 $w=P_n(\cos\theta)$ 为式(11)的一个解;再由式(12)即知用式(6)所给出的 $u(\theta)$ 为式(7)的一个解;显然它不恒等于零,因而不是平凡解.

证毕.

引理 2 令

$$v=v(\theta)=v(\theta,\tau)=\sin\left(n+\frac{1}{2}\right)(\theta-\tau) \qquad (13)$$

这里 τ 为任意固定的常数,则 $v(\theta)$ 为微分方程

$$\frac{\mathrm{d}^2 v}{\mathrm{d}\theta^2}+\left(n+\frac{1}{2}\right)^2 v=0 \qquad (14)$$

的一个非平凡解.

证明 把式(13)对 θ 求导数可得

$$\frac{\mathrm{d}v}{\mathrm{d}\theta}=\left(n+\frac{1}{2}\right)\cos\left(n+\frac{1}{2}\right)(\theta-\tau)$$

$$\frac{\mathrm{d}^2 v}{\mathrm{d}\theta^2}=-\left(n+\frac{1}{2}\right)^2\sin\left(n+\frac{1}{2}\right)(\theta-\tau)$$

由此及式(13)代入式(14),即知式(13)确为式(14)的一个非平凡解. 证毕.

定理 1 的证明 由式(6)及(13)即知 $u(\theta)$ 及 $v(\theta)$ 在闭区间 $[0,\pi]$ 中连续,在开区间 $(0,\pi)$ 中有各阶导数. 因它们分别是式(7)及(13)的解,故当 $\theta\in(0,\pi)$ 时

$$u''(\theta)+\left\{\left(n+\frac{1}{2}\right)^2+\frac{1}{4\sin^2\theta}\right\}u(\theta)=0 \qquad (15)$$

$$v''(\theta)+\left(n+\frac{1}{2}\right)^2 v(\theta)=0 \qquad (16)$$

以 $v(\theta)$ 乘式(15),$u(\theta)$ 乘式(16),然后把二者相减,即得

$$u''(\theta)v(\theta)-v''(\theta)u(\theta)+\frac{1}{4\sin^2\theta}u(\theta)v(\theta)=0$$

也就是

$$\frac{\mathrm{d}}{\mathrm{d}\theta}\{u'(\theta)v(\theta)-v'(\theta)u(\theta)\}=-\frac{u(\theta)v(\theta)}{4\sin^2\theta}$$

设 $0<\tilde{\theta}_1<\tilde{\theta}_2<\pi$. 把该式两端对 θ 自 $\tilde{\theta}_1$ 积分到 $\tilde{\theta}_2$ 即得

$$[u'(\theta)v(\theta)-v'(\theta)u(\theta)]\Big|_{\tilde{\theta}_1}^{\tilde{\theta}_2}=-\int_{\tilde{\theta}_1}^{\tilde{\theta}_2}\frac{u(\theta)v(\theta)}{4\sin^2\theta}\mathrm{d}\theta \tag{17}$$

我们设式(13)中的 $\tau=0$,这时

$$v(\theta)=\sin\left(n+\frac{1}{2}\right)\theta \tag{18}$$

首先考虑闭区间 $\left[0,\frac{\pi}{n+\frac{1}{2}}\right]$. 显然

$$P_n(\cos 0)=P_n(1)=1>0 \tag{19}$$

我们知道 $P_n(\cos\theta)$ 在 $\left[0,\frac{\pi}{n+\frac{1}{2}}\right]$ 中连续,将要证明它在开区间 $\left(0,\frac{\pi}{n+\frac{1}{2}}\right)$ 中至少有一个零点. 采用反证法来证明. 如果不是上述情况,则由式(19)即知

$$P_n(\cos\theta)>0\quad\left(\theta\in\left(0,\frac{\pi}{n+\frac{1}{2}}\right)\right) \tag{20}$$

$$P_n(\cos\theta)\geqslant 0\quad\left(\theta=\frac{\pi}{n+\frac{1}{2}}\right) \tag{21}$$

现在在式(17)中令 $\tilde{\theta}_2=\frac{\pi}{n+\frac{1}{2}}$, $\tilde{\theta}_1=\varepsilon$, 这里 $0<\varepsilon<$

$\frac{\pi}{n+\frac{1}{2}}$,则得

$$\left[u'(\theta)v(\theta)-v'(\theta)u(\theta)\right]\Big|_{\varepsilon}^{\pi/(n+\frac{1}{2})}$$

$$=-\int_{\varepsilon}^{\frac{\pi}{n+\frac{1}{2}}}\frac{u(\theta)v(\theta)}{4\sin^2\theta}\mathrm{d}\theta \qquad (22)$$

注意当 $\theta\to 0$ 时

$$(\sin\theta)^{\frac{1}{2}}\frac{u(\theta)v(\theta)}{4\sin^2\theta}$$

$$=(\sin\theta)^{\frac{1}{2}}\frac{(\sin\theta)^{\frac{1}{2}}P_n(\cos\theta)\sin\left(n+\frac{1}{2}\right)\theta}{4\sin^2\theta}$$

$$\to\frac{1}{4}\left(n+\frac{1}{2}\right)$$

由此即知广义积分

$$I=\int_{0}^{\frac{\pi}{n+\frac{1}{2}}}\frac{u(\theta)v(\theta)}{4\sin^2\theta}\mathrm{d}\theta$$

的确存在. 显然

$$v(\theta)>0 \quad \left(\theta\in\left[\varepsilon,\frac{\pi}{n+\frac{1}{2}}\right]\right)$$

由此及式(20)即知

$$I(\varepsilon)=\int_{\varepsilon}^{\frac{\pi}{n+\frac{1}{2}}}\frac{u(\theta)v(\theta)}{4\sin^2\theta}\mathrm{d}\theta>0$$

当 ε 单调下降趋向于零时,$I(\varepsilon)$单调上升,所以

$$I=\lim_{\varepsilon\to 0}I(\varepsilon)>0 \qquad (23)$$

又因当 $\varepsilon\to 0$ 时

$$u'(\varepsilon)v(\varepsilon)-v'(\varepsilon)u(\varepsilon)=\sin\left(n+\frac{1}{2}\right)\varepsilon\cdot$$

$$\left\{-(\sin\varepsilon)^{\frac{3}{2}}P_n'(\cos\varepsilon)+\frac{1}{2}(\sin\varepsilon)^{-\frac{1}{2}}\cos\varepsilon P_n(\cos\varepsilon)\right\}-$$

$$\left(n+\frac{1}{2}\right)\cos\left(n+\frac{1}{2}\right)\varepsilon(\sin\varepsilon)^{\frac{1}{2}}P_n(\cos\varepsilon)\to 0$$

所以在式(22)中令 $\varepsilon\to 0$,即得

$$u'\left(\frac{\pi}{n+\frac{1}{2}}\right)v\left(\frac{\pi}{n+\frac{1}{2}}\right)-v'\left(\frac{\pi}{n+\frac{1}{2}}\right)u\left(\frac{\pi}{n+\frac{1}{2}}\right)=-I$$

注意到

$$u'\left(\frac{\pi}{n+\frac{1}{2}}\right)=-\left(\sin\frac{\pi}{n+\frac{1}{2}}\right)^{\frac{3}{2}}P_n'\left(\cos\frac{\pi}{n+\frac{1}{2}}\right)+$$

$$\frac{1}{2}\left(\sin\frac{\pi}{n+\frac{1}{2}}\right)^{-\frac{1}{2}}\cos\frac{\pi}{n+\frac{1}{2}}P_n\left(\cos\frac{\pi}{n+\frac{1}{2}}\right)$$

为一有限数,因为

$$v\left(\frac{\pi}{n+\frac{1}{2}}\right)=\sin\pi=0$$

$$u\left(\frac{\pi}{n+\frac{1}{2}}\right)=\left(\sin\frac{\pi}{n+\frac{1}{2}}\right)^{\frac{1}{2}}P_n\left(\cos\frac{\pi}{n+\frac{1}{2}}\right)$$

$$v'\left(\frac{\pi}{n+\frac{1}{2}}\right)=\left(n+\frac{1}{2}\right)\cos\pi=-\left(n+\frac{1}{2}\right)$$

所以

$$\left(n+\frac{1}{2}\right)\left(\sin\frac{\pi}{n+\frac{1}{2}}\right)^{\frac{1}{2}}P_n\left(\cos\frac{\pi}{n+\frac{1}{2}}\right)=-I$$

由式(21)知上式左端不为负数;由式(23)知 $I>0$;但是右端却为负数,二者矛盾,这就证明 $P_n(\cos\theta)$ 在 $\left[0,\frac{\pi}{n+\frac{1}{2}}\right]$ 中至少有一个零点.

为书写简便,记 $\frac{v\pi}{n+\frac{1}{2}}$ 为 θ_v,设 v 为正整数,且 $2\leqslant v\leqslant n$. 现在考虑闭区间 $[\theta_{v-1},\theta_v]$. 显然 $P_n(\cos\theta)$ 在其中连续且有各阶导数;将要证明它在开区间 (θ_{v-1},θ_v) 中至少有一个零点. 仍旧采用反证法. 如果 $P_n(\cos\theta)$ 在 (θ_{v-1},θ_v) 中无零点,为明确计算不妨设它在 (θ_{v-1},θ_v) 中某点处取正值,因而在 $[\theta_{v-1},\theta_v]$ 中

$$P_n(\cos\theta)\geqslant 0 \tag{24}$$

在式(17)中令 $\tilde{\theta}_1=\theta_{v-1}$,$\tilde{\theta}_2=\tilde{\theta}_v$,即得

$$[u'(\theta)v(\theta)-v'(\theta)u(\theta)]\Big|_{\theta_{v-1}}^{\theta_v}=-\int_{\theta_{v-1}}^{\theta_v}\frac{u(\theta)v(\theta)}{4\sin^2\theta}\mathrm{d}\theta \tag{25}$$

注意到

$$v(\theta_{v-1})=\sin\left(n+\frac{1}{2}\right)\frac{(v-1)\pi}{n+\frac{1}{2}}=\sin(v-1)\pi=0$$

$$v(\theta_v)=\sin\left(n+\frac{1}{2}\right)\cdot\frac{v\pi}{n+\frac{1}{2}}=\sin v\pi=0$$

$$v'(\theta_{v-1})=\left(n+\frac{1}{2}\right)\cos(v-1)\pi=(-1)^{v-1}\left(n+\frac{1}{2}\right)$$

$$v'(\theta_v)=\left(n+\frac{1}{2}\right)\cos v\pi=(-1)^{v}\left(n+\frac{1}{2}\right)$$

以及当 $\theta_{v-1}<\theta<\theta_v$ 时，$(v-1)\pi<\left(n+\frac{1}{2}\right)\theta<v\pi$；这时 $v(\theta)$ 的符号与 $(-1)^{v-1}$ 相同，于是由式(25)可得

$$v'(\theta_v)u(\theta_v)-v'(\theta_{v-1})u(\theta_{v-1})=\int_{\theta_{v-1}}^{\theta_v}\frac{u(\theta)v(\theta)}{4\sin^2\theta}\mathrm{d}\theta$$

即

$$\left(n+\frac{1}{2}\right)\{u(\theta_v)+u(\theta_{v-1})\}=-\int_{\theta_{v-1}}^{\theta_v}\frac{u(\theta)\mid v(\theta)\mid}{4\sin^2\theta}\mathrm{d}\theta \tag{26}$$

由式(6)及(24)知，在 $[\theta_{v-1},\theta_v]$ 中可能除去两个端点使 $u(\theta)$ 能取零值外，在其余点处 $u(\theta)>0$；因此式(26)的右端确为一负数，而左端却不为负，二者矛盾. 这就证明在 (θ_{v-1},θ_v) 中 $P_n(\cos\theta)$ 至少有一个零点.

通过以上论证即知在开区间组

$$\left(\frac{v-1}{n+\frac{1}{2}}\pi,\frac{v\pi}{n+\frac{1}{2}}\right)\quad(v=1,2,\cdots,n) \tag{27}$$

的每个区间中，$\overline{P}_n(\cos\theta)$ 至少有一个零点. 开区间组(27)共有 n 个开区间，恰为开区间 $(0,\pi)$ 的 n 等分. 我们知道，在 $(0,\pi)$ 中 $P_n(\cos\theta)$ 仅有 n 个零点，所以在开区间组(27)的每个区间中 $P_n(\cos\theta)$ 也仅有一个零点. 这就证明了

$$\frac{v-1}{n+\frac{1}{2}}\pi<\vartheta_v<\frac{v\pi}{n+\frac{1}{2}}\quad(v=1,2,\cdots,n) \tag{28}$$

我们要得到式(5),还要把式(28)左端下界予以改进. 注意到

$$P_n(\cos(\pi-\vartheta_v))=(-1)^n P_n(\cos\vartheta_v)=0$$

于是 $P_n(\cos\theta)$ 在 $(0,\pi)$ 中的零点也可以排成如下形式

$$\pi-\vartheta_n,\pi-\vartheta_{n-1},\pi-\vartheta_{n-2},\cdots,\pi-\vartheta_2,\pi-\vartheta_1$$

由此即知

$$\vartheta_v=\pi-\vartheta_{n+1-v}\quad(v=1,2,\cdots,n)\tag{29}$$

由式(28)的右端不等式即知

$$\vartheta_{n+1-v}<\frac{(n+1-v)\pi}{n+\frac{1}{2}}$$

由此及式(29)即知

$$\vartheta_v>\pi-\frac{(n+1-v)}{n+\frac{1}{2}}\pi=\frac{\left(v-\frac{1}{2}\right)\pi}{n+\frac{1}{2}}$$

这就证明式(5)的左端成立. 定理证毕.

设 $\tilde{\theta}_1,\tilde{\theta}_2$ 为 $(0,\pi)$ 中任意两点,满足条件

$$\tilde{\theta}_2-\tilde{\theta}_1=\frac{\pi}{n+\frac{1}{2}}\tag{30}$$

则开区间 $(\tilde{\theta}_1,\tilde{\theta}_2)$ 的长度恰为 $\frac{\pi}{n+\frac{1}{2}}$. 我们可以选择式(13)中常数 τ 使得

$$\tilde{\theta}_1-\tau=\frac{(v-1)\pi}{n+\frac{1}{2}}$$

这里 v 为正整数. 由式(30)即知

$$\tilde{\theta}_2-\tau=\tilde{\theta}_2-\tilde{\theta}_1+\tilde{\theta}_1-\tau=\frac{v\pi}{n+\frac{1}{2}}$$

于是利用式(17)并记住这时 $v(\theta)$ 的表达式为式(13),仿照前面关于 $P_n(\cos\theta)$ 在 (θ_{v-1},θ_v) 中至少有一个零点的证明方法,不难证明在 $(\tilde{\theta}_1,\tilde{\theta}_2)$ 中 $P_n(\cos\theta)$ 也至少有一个零点;简单来说即是:对任意一个开区间其长度为 $\frac{\pi}{n+\frac{1}{2}}$,且全部在 $(0,\pi)$ 中,$P_n(\cos\theta)$ 在其中至少有一个零点. 由此即知,$P_n(\cos\theta)$ 在 $(0,\pi)$ 中任意两个相邻零点的距离必然小于 $\frac{\pi}{n+\frac{1}{2}}$.

由定理1即知 $P_n(\cos\theta)$ 在 $(0,\pi)$ 中的 n 个零点 $\vartheta_v(v=1,2,\cdots,n)$ 均匀分布在把 $(0,\pi)$ 等分为 n 个开区间中;与其对应 $P_n(x)$ 的 n 个零点 $x_v=\cos\theta_v(v=1,2,\cdots,n)$ 在 $(-1,1)$ 中的分布就不这样均匀.

不等式(5)通常叫作 Bruns 不等式,早在1881年他就建立了. 这里的简洁证明是 Szego(塞戈)在1935年巧妙采用 Strum(斯图姆)方法得出的.

2. 凸序列

1935年 Szego 对 $P_n(\cos\theta)$ 的零点分布做了更深入的讨论,得出下述定理:

定理2 Legendre 多项式 $P_n(\cos\theta)$ 的零点满足不等式

$$\vartheta_1 - 0 < \vartheta_2 - \vartheta_1 < \vartheta_3 - \vartheta_2 < \cdots < \vartheta_{1+[\frac{n}{2}]} - \vartheta_{[\frac{n}{2}]} \tag{31}$$

证明 我们可以把不等式(31)写作

$$\vartheta_v - \vartheta_{v-1} < \vartheta_{v+1} - \vartheta_v \tag{32}$$

这里 $v=1,2,\cdots,\left[\frac{n}{2}\right]$，唯需规定 $\vartheta_0=0$. 显然 ϑ_0 不是 $P_n(\cos\theta)$ 的零点，但是在点 $\theta=\vartheta_0$ 处，用式(6)所规定的 $u(\theta)$ 取零值. 序列 $\vartheta_0,\vartheta_1,\vartheta_2,\cdots,\vartheta_{[\frac{n}{2}]+1}$ 满足条件式(32)称为凸序列. 我们知道 $\vartheta_0,\vartheta_1,\vartheta_2,\cdots,\vartheta_{[\frac{n}{2}]+1}$ 为 $P_n(\cos\theta)$ 的零点在 $\left(0,\frac{\pi}{2}\right)$ 中与 $P_n(x)$ 的正零点 x_1, $x_2,\cdots,x_{[\frac{n}{2}]}$ 对应，至于 $\vartheta_{1+[\frac{n}{2}]}$，则按照 n 为奇数或偶数，它的取值为 $\frac{\pi}{2}$ 或在 $\left(\frac{\pi}{2},\pi\right)$ 中.

为书写简便，令

$$Q(\theta)=Q_n(\theta)=\left(n+\frac{1}{2}\right)^2+\frac{1}{4\sin^2\theta} \tag{33}$$

于是方程(7)可以写作

$$\frac{\mathrm{d}^2u}{\mathrm{d}\theta^2}+Q_n(\theta)u=0 \tag{34}$$

设 δ 为一正数，将在以后选定，作方程

$$\frac{\mathrm{d}^2w}{\mathrm{d}\theta^2}+Q_n(\theta-\delta)w=0 \tag{35}$$

如果式(34)的一个解为 $u=u(\theta)$，则与其对应式(35)的一个解为 $w=w(\theta)=u(\theta-\delta)$. 由式(34)及(35)可得

$$u\frac{\mathrm{d}^2w}{\mathrm{d}\theta^2}-w\frac{\mathrm{d}^2u}{\mathrm{d}\theta^2}+\{Q_n(\theta-\delta)-Q_n(\theta)\}uw=0$$

由式(33)知

$$q=q(\theta,\delta)=Q_n(\theta-\delta)-Q_n(\theta)=\frac{1}{4\sin^2(\theta-\delta)}-\frac{1}{4\sin^2\theta}\tag{36}$$

于是即得

$$\frac{\mathrm{d}}{\mathrm{d}\theta}\{uw'-wu'\}+quw=0$$

把这式对 θ 自 ϑ_v 积分到 ϑ_{v+1} 并移项即得

$$[u(\theta)w'(\theta)-w(\theta)u'(\theta)]\Big|_{\vartheta_v}^{\vartheta_{v+1}}=-\int_{\vartheta_v}^{\vartheta_{v+1}}quw\mathrm{d}\theta\tag{37}$$

这里 $v=1,2,\cdots,\left[\frac{n}{2}\right]$.

设 $P_n(x)$ 至少有 6 个零点,因而 $n\geqslant6$. 设

$$2\leqslant v\leqslant\left[\frac{n}{2}\right]-1\tag{38}$$

并令

$$\delta=\vartheta_v-\vartheta_{v-1}\tag{39}$$

这里 v 为满足条件(38)的一个暂时固定的整数. 由定理 1 及证明之后的说明即知

$$\frac{\pi}{2n+1}<\delta<\frac{2\pi}{2n+1}\tag{40}$$

由式(38)及(40)即知,当 $\vartheta_v\leqslant\theta\leqslant\vartheta_{v+1}$ 时

$$\theta-\delta<\frac{v+1}{n+\frac{1}{2}}\pi-\frac{\frac{\pi}{2}}{n+\frac{1}{2}}=\frac{v+\frac{1}{2}}{n+\frac{1}{2}}\pi<\frac{\left[\frac{n}{2}\right]-\frac{1}{2}}{n+\frac{1}{2}}\pi<\frac{\pi}{2}$$

$$\theta-\delta>\frac{\left(v-\frac{1}{2}\right)\pi}{n+\frac{1}{2}}-\frac{\pi}{n+\frac{1}{2}}=\frac{\left(v-\frac{3}{2}\right)\pi}{n+\frac{1}{2}}\geqslant\frac{\frac{1}{2}\pi}{n+\frac{1}{2}}>0$$

也就是

$$\frac{\frac{1}{2}\pi}{n+\frac{1}{2}}<\theta-\delta<\frac{\pi}{2}$$

因此这时

$$\sin^2(\theta-\delta)<\sin^2\theta$$

所以由式(36)即知

$$q=q(\theta,\delta)>0$$

注意 $\vartheta_v,\vartheta_{v+1}$ 为 $u(\theta)$ 的两个相邻零点，因而在开区间 $(\vartheta_v,\vartheta_{v+1})$ 中 $u(\theta)$ 无零点. 为明确计算，无妨设它取正值. 现在将要证明在 $(\vartheta_v,\vartheta_{v+1})$ 中 $w(\theta)$ 至少有一个零点. 我们采用反证法，如果 $w(\theta)$ 在 $(\vartheta_v,\vartheta_{v+1})$ 中没有零点，为明确计算无妨设它在某点取正值. 因而式(37)的右端积分

$$\int_{\vartheta_v}^{\vartheta_{v+1}}quw\mathrm{d}\theta>0\tag{41}$$

同时有

$$w(\vartheta_v)\geqslant0,w(\vartheta_{v+1})\geqslant0\tag{42}$$

又从

$$u(\vartheta_v)=u(\vartheta_{v+1})=0\tag{43}$$

以及

$$u(\theta)>0\quad(\theta\in(\vartheta_v,\vartheta_{v+1}))$$

绘 $u=u(\theta)$ 的图形，即可看出

$$u'(\vartheta_v)\geqslant 0, u'(\vartheta_{v+1})\leqslant 0 \tag{44}$$

但由式(43)知式(44)中不能取等号,否则 $u(\theta)$ 为方程式(34)的平凡解,与假设不符. 由式(37)及(43)即得

$$w(\vartheta_{v+1})u'(\vartheta_{v+1})-w(\vartheta_v)u'(\vartheta_v)=\int_{\vartheta_v}^{\vartheta_{v+1}} quw\mathrm{d}\theta \tag{45}$$

利用式(42)及(44)即知式(45)左端不能取正值;但由式(41)知式(45)右端为一确定正值,二者矛盾. 如果假定 $w(\theta)$ 在 $(\vartheta_v,\vartheta_{v+1})$ 中某一点处取负值,同理可以证明式(45)左端不能取负值,而右端则为一确定负值,也产生矛盾. 这就证明了在 $(\vartheta_v,\vartheta_{v+1})$ 中,$w(\theta)$ 至少有一个零点. 当 $u(\theta)$ 两个相邻零点为 $\vartheta_{v-1},\vartheta_v$ 时,利用式(39)即知 $w(\theta)$ 的对应两个相邻零点为 $\vartheta_{v-1}+\delta=\vartheta_v,\vartheta_v+\delta$. 由于 $w(\theta)$ 在 $(\vartheta_v,\vartheta_{v+1})$ 中至少有一个零点,这样 $\vartheta_v+\delta$ 必然在开区间 $(\vartheta_v,\vartheta_{v+1})$ 中,这就证明

$$\delta<\vartheta_{v+1}-\vartheta_v$$

由此及式(39)知,当 v 满足式(38)时,式(32)成立. 要证明式(31)还要证明

$$\vartheta_1<\vartheta_2-\vartheta_1 \tag{46}$$

及

$$\vartheta_{[\frac{n}{2}]}-\vartheta_{[\frac{n}{2}]-1}<\vartheta_{[\frac{n}{2}]+1}-\vartheta_{[\frac{n}{2}]} \tag{47}$$

首先证明式(46). 为此选取式(35)中 $\delta=\vartheta_1$,在式(37)中将 ϑ_v 及 ϑ_{v+1} 分别换为 $\delta+\varepsilon$ 及 ϑ_2,这里 ε 为足够小的正数. 于是代替式(37)有

$$[u(\theta)w'(\theta)-w(\theta)u'(\theta)]\Big|_{\delta+\varepsilon}^{\vartheta_2}=-\int_{\vartheta_{\delta+\varepsilon}}^{\vartheta_2}quw\mathrm{d}\theta \tag{48}$$

显然 $u(\vartheta_2)=0, w'(\vartheta_2)$ 为有限数. 又

$$u(\delta+\varepsilon)w'(\delta+\varepsilon)=\{\sin(\vartheta_1+\varepsilon)\}^{\frac{1}{2}}P_n\{\cos(\vartheta_1+\varepsilon)\}\cdot$$

$$\left\{-(\sin\varepsilon)^{\frac{3}{2}}P_n(\cos\varepsilon)+\frac{1}{2}(\sin\varepsilon)^{-\frac{1}{2}}\cos\varepsilon P_n(\cos\varepsilon)\right\}$$

注意到 $P_n(\cos\theta)$ 以 $\theta=\vartheta_1$ 为一阶零点,因此有

$$\lim_{\varepsilon\to 0}u(\delta+\varepsilon)w'(\delta+\varepsilon)=0$$

又

$$w(\delta+\varepsilon)u'(\delta+\varepsilon)=(\sin\varepsilon)^{\frac{1}{2}}P_n(\cos\varepsilon)u'(\delta+\varepsilon)$$

当 $\varepsilon\to 0$ 时, $u'(\delta+\varepsilon)\to u'(\vartheta_1)$ 为一有限数,因此

$$\lim_{\varepsilon\to 0}w(\delta+\varepsilon)u'(\delta+\varepsilon)=0$$

由于 $u(\theta)$ 以 $\theta=\vartheta_1$ 为一阶零点,而且

$$w(\theta)=\{\sin(\theta-\vartheta_1)\}^{\frac{1}{2}}P_n\{\cos(\theta-\vartheta_1)\}$$

$$q(\theta)=\frac{1}{4\sin^2(\theta-\vartheta_1)}-\frac{1}{4\sin^2\theta}$$

所以当 $\theta\to\delta=\vartheta_1$ 时

$$quw=O\left\{\frac{1}{(\theta-\vartheta_1)^{\frac{1}{2}}}\right\}$$

由此即知

$$\lim_{\varepsilon\to 0}\int_{\vartheta+\varepsilon}^{\vartheta_2}quw\mathrm{d}\theta=J\quad(\text{有限数})$$

利用上述结果,在式(48)中令 $\varepsilon\to 0$ 即得

$$w(\vartheta_2)u'(\vartheta_2)=J \tag{49}$$

我们知道 $u(\theta)$ 在 $(\vartheta_1,\vartheta_2)$ 中无零点,且肯定取负值.

如果 $w=w(\theta)$ 也无零点，那么必然取正值，于是 $w(\vartheta_2)\geqslant 0$. 又由 $u=u(\theta)$ 的图形，即知 $u'(\vartheta_2)\geqslant 0$，于是式(49)的左端肯定不为负数. 由于在$(\vartheta_1,\vartheta_2)$中有

$$q(\theta)>0,u(\theta)<0,w(\theta)>0$$

所以式(49)右端为一确定负数. 二者矛盾，这就证明了 $w=w(\theta)=u(\theta-\vartheta_1)$ 在$(\vartheta_1,\vartheta_2)$中至少有一个零点. $u(\theta)$ 在 $\theta=0$ 及 $\theta=\vartheta_1$ 处取零值，因而 $w(\theta)$ 在 ϑ_1 及 $2\vartheta_1$ 取零值，即 ϑ_1 与 $2\vartheta_1$ 为 $w(\theta)$ 的两个相邻零点. 由此即知

$$2\vartheta_1<\vartheta_2$$

也就是

$$\vartheta_1<\vartheta_2-\vartheta_1$$

于是式(46)的成立得证.

其次证明式(47). 若 n 为奇数，则 $\left[\frac{n}{2}\right]+1=\frac{n+1}{2}$，这时 $\vartheta_{\left[\frac{n}{2}\right]+1}=\frac{\pi}{2}$；因而对 v 满足式(38)情形的证明仍旧可用；所以我们只要考虑 n 为偶数的情形. 这时 $\vartheta_{\left[\frac{n}{2}\right]}=\vartheta_{\frac{n}{2}+1}$ 在$\left(\frac{\pi}{2},\pi\right)$中，且在式(29)中令 $v=\frac{n}{2}$ 可得 $\vartheta_{\frac{n}{2}+1}+\vartheta_{\frac{n}{2}}=\pi$. 为书写方便，仍旧令 $v=\frac{n}{2}$，同时 δ 仍然用式(39)表示. 如果 $\delta<\vartheta_{v+1}-\vartheta_v$，那么式(47)已得证. 因此只要考虑 $\delta\geqslant\vartheta_{v+1}-\vartheta_v$ 的情形，这时

$$\vartheta_{v+1}-\delta\leqslant\vartheta_v \tag{50}$$

当 $\theta\in[\vartheta_v,\vartheta_{v+1}]$ 时

$$\theta-\delta\in[\vartheta_{v-1},\vartheta_{v+1}-\delta]\subset[\vartheta_{v-1},\vartheta_v]$$

注意在 $[\vartheta_v,\vartheta_{v+1}]$ 中，$\sin\theta$ 取最小值为 $\sin\vartheta_v=\sin\vartheta_{v+1}$，因此当 $\theta\in(\vartheta_v,\vartheta_{v+1})$ 时

$$\sin(\theta-\delta)<\sin(\vartheta_{v+1}-\delta)\leqslant\sin\vartheta_v$$

所以

$$q(\theta)=\frac{1}{4\sin^2(\theta-\delta)}-\frac{1}{4\sin^2\theta}>0 \qquad (51)$$

在 $(\vartheta_v,\vartheta_{v+1})$ 中，$u(\theta)$ 无零点；为确定计算设 $u(\theta)$ 取正值. 显然 $\vartheta_v,\vartheta_v+\delta$ 为 $w(\theta)=u(\theta-\delta)$ 的两个相邻零点. 由式(50)即知 $[\vartheta_v,\vartheta_{v+1}]\subset[\vartheta_v,\vartheta_{v+\delta}]$ 因而在 $(\vartheta_v,\vartheta_{v+1})$ 中 $w(\theta)$ 也无零点，为方便计算，设 $w(\theta)$ 取正值. 由此及式(51)即知，式(45)右端肯定为一正值. 这时式(42)和(44)仍然成立，所以，式(45)左端不为正值，二者矛盾，这就证明式(50)不成立.

最后还要考虑 $n=2,3,4,5$ 四种情形. 当 $n=2,3$ 时，式(31)简化为 $\vartheta_1<\vartheta_2-\vartheta_1$，其中 ϑ_2 分别为 $\pi-\vartheta_1$ 及 $\frac{\pi}{2}$；于是分别由式(47)及(46)即知，这时式(31)仍成立. 当 $n=4,5$ 时，式(31)简化为

$$\vartheta_1<\vartheta_2-\vartheta_1<\vartheta_3-\vartheta_2$$

仍旧由式(46)及(47)即知，式(31)仍成立. 定理证毕.

3. Szego 不等式

利用定理 2 可以改进不等式(5)的上限，其中 $v=1,2,\cdots,\left[\frac{n}{2}\right]$. 为此令

$$\Phi_v=\vartheta_v-\frac{v\pi}{n+1}\quad\left(v=1,2,\cdots,\left[\frac{n}{2}\right]+1\right) \qquad (52)$$

显然

$$\begin{aligned}\Phi_v-\Phi_{v-1}&=\vartheta_v-\frac{v\pi}{n+1}-\vartheta_{v-1}+\frac{v-1}{n+1}\pi\\&=\vartheta_v-\vartheta_{v-1}-\frac{\pi}{n+1}\end{aligned}\tag{53}$$

由此即知 $\Phi_v-\Phi_{v-1}$ 与 $\vartheta_v-\vartheta_{v-1}$ 仅有一与 v 无关的常数差异;所以 $\vartheta_0,\vartheta_1,\vartheta_2,\cdots,\vartheta_{[\frac{n}{2}]+1}$ 构成凸序列,与其对应 $\Phi_0,\Phi_1,\cdots,\Phi_{[\frac{n}{2}]+1}$ 也构成凸序列,即

$$\Phi_1-\Phi_0<\Phi_2-\Phi_1<\Phi_3-\Phi_2<\cdots<\Phi_{[\frac{n}{2}]+1}-\Phi_{[\frac{n}{2}]}\tag{54}$$

对任何凸序列来说具有下述重要性质.

凸序列的任何中间一项小于该序列的首项与末项二者中最大者.

现在对凸序列式(54)来证明此结论,这时要证明的是

$$\Phi_v<\max(\Phi_0,\Phi_{[\frac{n}{2}]+1})\tag{55}$$

这里 $v=1,2,\cdots,\left[\frac{n}{2}\right]$.

由式(54)即知

$$2\Phi_v<\Phi_{v+1}+\Phi_{v-1}\quad\left(v=1,2,\cdots,\left[\frac{n}{2}\right]\right)\tag{56}$$

这时必有

$$\Phi_v<\max(\Phi_{v-1},\Phi_{v+1})\tag{57}$$

否则

$$\Phi_v\geqslant\max(\Phi_{v-1},\Phi_{v+1})$$

因而

$$2\Phi_v\geqslant 2\max(\Phi_{v-1},\Phi_{v+1})\geqslant\Phi_{v-1}+\Phi_{v+1}$$

这与式(56)矛盾,所以式(57)成立.

利用式(57)极易证明

$$\Phi_v < \max(\Phi_0, \Phi_{v+1}) \quad \left(v=1,2,\cdots,\left[\frac{n}{2}\right]\right) \tag{58}$$

事实上,在式(57)中令 $v=1$,即知当 $v=1$ 时,式(58)成立. 设式(58)对 v 成立,则由式(57)及(58)即知

$$\begin{aligned}\Phi_{v+1} &< \max(\Phi_v, \Phi_{v+2}) \\ &< \max(\Phi_0, \Phi_{v+1}, \Phi_{v+2})\end{aligned}$$

由此即得

$$\Phi_{v+1} < \max(\Phi_0, \Phi_{v+2})$$

所以式(58)对 $v+1$ 也成立. 数学归纳法已完成. 式(58)得证.

设 $v=\left[\frac{n}{2}\right]+1-m$,这里 m 为正整数,且不超过 $\left[\frac{n}{2}\right]$. 重复应用式(58)可得

$$\begin{aligned}\Phi_v &< \max(\Phi_0, \Phi_{v+1}) \leqslant \max(\Phi_0, \Phi_{v+2}) \\ &\leqslant \cdots \leqslant \max(\Phi_0, \Phi_{v+m}) = \max(\Phi_0, \Phi_{[\frac{n}{2}]+1})\end{aligned}$$

这就证明式(55).

显然

$$\Phi_0 = \vartheta_0 - \frac{0\pi}{n+1} = 0 \tag{59}$$

如果 n 为奇数,则 $\left[\frac{n}{2}\right]+1=\frac{n-1}{2}+1=\frac{n+1}{2}$. 于是由式(52)即知

$$\Phi_{[\frac{n}{2}]+1} = \vartheta_{[\frac{n}{2}]+1} - \frac{\frac{n+1}{2}}{n+1}\pi = \frac{\pi}{2} - \frac{\pi}{2} = 0$$

由此及式(55)和(59)即知

$$\Phi_v<0 \quad \left(v=1,2,\cdots,\left[\frac{n}{2}\right]\right) \tag{60}$$

于是由式(52)即知

$$\vartheta_v<\frac{v\pi}{n+1} \quad \left(v=1,2,\cdots,\left[\frac{n}{2}\right]\right) \tag{61}$$

如果 n 为偶数,则由式(52)知

$$\Phi_{\frac{n}{2}}+\Phi_{\frac{n}{2}+1}=\vartheta_{\frac{n}{2}}+\vartheta_{\frac{n}{2}+1}-\frac{\frac{n}{2}\pi}{n+1}-\frac{\frac{n}{2}+1}{n+1}\pi$$

$$=\pi-\frac{\frac{n}{2}+\frac{n}{2}+1}{n+1}\pi=0$$

由此即知 $\Phi_{\frac{n}{2}},\Phi_{\frac{n}{2}+1}$ 的取值仅有三种可能

(1) $\Phi_{\frac{n}{2}}<0,\Phi_{\frac{n}{2}+1}>0$;

(2) $\Phi_{\frac{n}{2}}>0,\Phi_{\frac{n}{2}+1}<0$;

(3) $\Phi_{\frac{n}{2}}=\Phi_{\frac{n}{2}+1}=0$.

如果是(2)或(3)的情形,可在式(58)中令 $v=\frac{n}{2}$,即得

$$\Phi_{\frac{n}{2}}<\max(\Phi_0,\Phi_{\frac{n}{2}+1})=0$$

这与假设 $\Phi_{\frac{n}{2}}>0$ 或 $\Phi_{\frac{n}{2}}=0$ 矛盾. 所以只有(1)的情形可能. 这时考虑凸序列 $\Phi_0,\Phi_1,\Phi_2,\cdots,\Phi_{\frac{n}{2}}$,代替式(55)有

$$\Phi_v<\max(\Phi_0,\Phi_{\frac{n}{2}})$$

由此以及式(59)与已知 $\Phi_{\frac{n}{2}}<0$,即知式(60)仍成立,因而式(61)仍成立. 这就改进了式(5)中的上限,其中 $v=1,2,\cdots,\left[\frac{n}{2}\right]$.

当 $v=1,2,\cdots,\left[\frac{n}{2}\right]$ 时,式(5)中的下限也可以改进.为此令

$$\Psi_v=\vartheta_v-\frac{v-\frac{1}{4}}{n-\frac{1}{2}}\pi \tag{62}$$

显然

$$\Psi_v-\Psi_{v-1}=\vartheta_v-\vartheta_{v-1}-\frac{1}{n+\frac{1}{2}}\pi$$

我们知道

$$\vartheta_v-\vartheta_{v-1}<\frac{\pi}{n+\frac{1}{2}}\quad\left(v=1,2,\cdots,\left[\frac{n}{2}\right]+1\right) \tag{63}$$

所以

$$\Psi_v-\Psi_{v-1}<0\quad\left(v=1,2,\cdots,\left[\frac{n}{2}\right]+1\right)$$

由此即得

$$\Psi_{[\frac{n}{2}]+1}<\Psi_{[\frac{n}{2}]}<\cdots<\Psi_2<\Psi_1<\Psi_0 \tag{64}$$

如果 n 为奇数,则 $\left[\frac{n}{2}\right]+1=\frac{n+1}{2}$,这时

$$\Psi_{[\frac{n}{2}]+1}=\vartheta_{\frac{n+1}{2}}-\frac{\frac{n+1}{2}-\frac{1}{4}}{n+\frac{1}{2}}\pi=\frac{\pi}{2}-\frac{n+\frac{1}{2}}{2n+1}\pi=0$$

由式(64)即知

$$\Psi_1>\Psi_2>\cdots>\Psi_{[\frac{n}{2}]}>0 \tag{65}$$

由此及式(62)即知

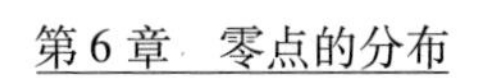

$$\vartheta_{v} > \frac{v-\frac{1}{4}}{n+\frac{1}{2}}\pi \quad \left(v=1,2,\cdots,\left[\frac{n}{2}\right]\right) \tag{66}$$

如果 n 为偶数,在式(63)中令 $v=\frac{n}{2}+1$,即得

$$\vartheta_{\frac{n}{2}+1}-\vartheta_{\frac{n}{2}} < \frac{\pi}{n+\frac{1}{2}} \tag{67}$$

也就是

$$\pi-\vartheta_{\frac{n}{2}}-\vartheta_{\frac{n}{2}} < \frac{\pi}{n+\frac{1}{2}}$$

由此即得

$$2\vartheta_{\frac{n}{2}} > \pi-\frac{\pi}{n+\frac{1}{2}}$$

所以

$$\vartheta_{\frac{n}{2}} > \frac{\pi}{2}-\frac{\frac{\pi}{2}}{n+\frac{1}{2}}$$

在式(62)中令 $v=\frac{n}{2}$ 可得

$$\Psi_{\frac{n}{2}}=\vartheta_{\frac{n}{2}}-\frac{\frac{n}{2}-\frac{1}{4}}{n+\frac{1}{2}}\pi > \frac{\pi}{2}-\frac{\frac{\pi}{2}}{n+\frac{1}{2}}-\frac{\frac{n}{2}-\frac{1}{4}}{n+\frac{1}{2}}\pi$$

$$=\frac{\pi}{2}-\frac{\pi}{2}\left(\frac{1+n-\frac{1}{2}}{n+\frac{1}{2}}\right)=0$$

由此及式(64)即知式(65)仍然成立,所以式(66)仍然成立.合并式(61)及(66)即得下述定理,它是定理1的改进.

定理3　$P_n(\cos\theta)$在$\left(0,\frac{\pi}{2}\right)$中的零点满足不等式

$$\frac{v-\frac{1}{4}}{n+\frac{1}{2}}\pi<\vartheta_v<\frac{v\pi}{n+1} \tag{68}$$

这里 $v=1,2,\cdots,\left[\frac{n}{2}\right]$. 通常把式(68)叫作 Szego 不等式.

第7章 特殊多项式的零点问题

§1 $P_n(x)$的零点分布

1. 凸序列

已知 $P_n(\cos\theta)$ 的零点 $\vartheta_1,\vartheta_2,\cdots,\vartheta_{[\frac{n}{2}]+1}$加上 $\vartheta_0=0$ 构成凸序列. 与其对应,有下述定理:

定理 1 $P_n(x)$ 的零点 $x_1,x_2,\cdots,x_{[\frac{n}{2}]+1}$与1也构成凸序列,即

$$1-x_1<x_1-x_2<x_2-x_3<\cdots<x_{[\frac{n}{2}]}-x_{[\frac{n}{2}]+1} \tag{1}$$

这里

$$x_v=\cos\vartheta_v \tag{2}$$

证明 要证明式(1)只需证明

$$x_{v-1}-x_v<x_v-x_{v+1}\quad\left(v=1,2,\cdots,\left[\frac{n}{2}\right]\right) \tag{3}$$

即够,这里 $x_0=1$,它不是 $P_n(x)$的零点. 由式(2)知

$$x_{v-1}+x_{v+1}=2\cos\frac{\vartheta_{v-1}-\vartheta_{v+1}}{2}\cdot\cos\frac{\vartheta_{v-1}+\vartheta_{v+1}}{2}\qquad(4)$$

易知

$$\vartheta_v<\frac{\vartheta_{v-1}+\vartheta_{v+1}}{2}\qquad(5)$$

即知

$$\frac{1}{2}(\vartheta_{v-1}+\vartheta_{v+1})<\frac{v\pi}{n+1}\leqslant\frac{\left[\frac{n}{2}\right]}{n+1}\pi<\frac{\pi}{2}$$

显然 $\vartheta_v>0$，于是由式(5)即知

$$\cos\vartheta_v>\cos\frac{\vartheta_{v-1}+\vartheta_{v+1}}{2}$$

由此及式(4)即知

$$x_{v-1}+x_{v+1}<2x_v\cos\frac{\vartheta_{v-1}-\vartheta_{v+1}}{2}\qquad(6)$$

以及

$$\vartheta_{v+1}-\vartheta_{v-1}=\vartheta_{v+1}-\vartheta_v+\vartheta_v-\vartheta_{v-1}$$

即知

$$\frac{\pi}{2n+1}<\frac{\vartheta_{v+1}-\vartheta_{v-1}}{2}<\frac{2\pi}{2n+1}$$

因此当 $n\geqslant2$ 时

$$0<\cos\frac{2\pi}{2n+1}<\cos\frac{\vartheta_{v+1}-\vartheta_{v-1}}{2}<\cos\frac{\pi}{2n+1}<1$$

由此及式(6)即得

$$x_{v-1}+x_{v+1}<2x_v$$

这就证明式(3)成立，因而式(1)成立. 定理证毕.

2. $P_n(x)$ 与 $P_{n-1}(x)$ 的零点分隔

已知 $P_n(x)$ 的零点 $x_{v,n}$ 排列如下

$$1>x_{1,n}>x_{2,n}>\cdots>x_{n-1,n}>x_{n,n}>-1$$

同理 $P_{n-1}(x)$ 的零点 $x_{v,n-1}$ 排列如下

$$1>x_{1,n-1}>x_{2,n-1}>\cdots>x_{n-2,n-1}>x_{n-1,n-1}>-1$$

现在将要证明下述定理.

定理2　$P_n(x)$ 与 $P_{n-1}(x)$ 二者的零点相互分离，排列如下

$$\begin{aligned}1&>x_{1,n}>x_{1,n-1}>x_{2,n}>x_{2,n-1}>\cdots\\&>x_{n-1,n}>x_{n-1,n-1}>x_{n,n}>-1\end{aligned}\tag{7}$$

为了证明此定理,先证明下述引理:

引理1　当 $-1\leqslant x\leqslant 1$,且 $n\geqslant 1$ 时

$$\begin{aligned}D_n(x)&=\begin{vmatrix}P'_n(x)&P'_{n-1}(x)\\P_n(x)&P_{n-1}(x)\end{vmatrix}\\&=P'_n(x)P_{n-1}(x)-P'_{n-1}(x)P_n(x)>0\end{aligned}\tag{8}$$

证明　由递推公式知

$$(x^2-1)P'_n(x)=nxP_n(x)-nP_{n-1}(x)$$

及

$$(x^2-1)P'_{n-1}(x)=nP_n(x)-nxP_{n-1}(x)$$

由此及式(8)即得

$$\begin{aligned}(x^2-1)D_n(x)&=(x^2-1)P'_n(x)P_{n-1}(x)-\\&\quad(x^2-1)P'_{n-1}(x)P_n(x)\\&=\{nxP_n(x)-nP_{n-1}(x)\}P_{n-1}(x)-\\&\quad\{nP_n(x)-nxP_{n-1}(x)\}P_n(x)\\&=-n\{P_n^2(x)+P_{n-1}^2(x)-\\&\quad 2xP_n(x)P_{n-1}(x)\}\end{aligned}$$

因而

$$(1-x^2)D_n(x)=n\{[P_n(x)-xP_{n-1}(x)]^2+$$

$$(1-x^2)P_{n-1}^2(x)\} \tag{9}$$

设 $-1<x<1$. 如果 $x=0$,则由式(9)可得

$$D_n(0)=n\{P_n^2(0)+P_{n-1}^2(0)\}$$

注意到 $P_n(0)$ 与 $P_{n-1}(0)$ 不能同时为零,所以

$$D_n(0)>0$$

当 x 为 $P_{n-1}(x)$ 的零点,但不是零时,这时它不是 $P_n(x)$ 的零点. 否则由上面的递推公式即知它也是 $P'_n(x)$ 的零点,因而它为 $P_n(x)$ 的零点其阶不小于 2,这与 $P_n(x)$ 的所有零点均为单零点不符. 所以

$$(1-x^2)D_n(x)=n\{P_n(x)\}^2>0$$

当 x 不是 $P_{n-1}(x)$ 的零点,则

$$(1-x^2)D_n(x)\geqslant(1-x^2)P_{n-1}^2(x)>0$$

综合以上所述即知,当 $-1<x<1$ 时

$$D_n(x)>0$$

又由式(8)知

$$\begin{aligned}D_n(1)&=P'_n(1)\cdot P_{n-1}(1)-P'_{n-1}(1)\cdot P_n(1)\\&=P'_n(1)-P'_{n-1}(1)\end{aligned}$$

由递推公式知

$$P'_n(x)-xP'_{n-1}(x)=nP_{n-1}(x) \tag{10}$$

在此公式中令 $x=1$ 可得

$$P'_n(1)-P'_{n-1}(1)=nP_{n-1}(1)=n$$

当然这个结果也可以由前面推出,所以

$$D_n(1)=nP_{n-1}(1)=n>0$$

从式(8)还可以得出

$$D_n(-1)=(-1)^{n-1}\{P'_n(-1)+P'_{n-1}(-1)\}$$

在式(10)中令 $x=-1$ 可得

$$P'_n(-1)+P'_{n-1}(-1)=n(-1)^{n-1}$$

所以

$$D_n(-1)=n>0$$

综合以上所述即知:当 $-1\leqslant x\leqslant 1$,且 $n\geqslant 1$ 时

$$D_n(x)>0$$

证毕.

定理2的证明

设 ξ,η 为 $P_n(x)$ 的两个相邻零点,且 $\xi<\eta$,由 $u=P_n(x)$ 的图形即可看出 $P'_n(\xi)$ 与 $P'_n(\eta)$ 的符号相反,因而

$$P'_n(\xi)P'_n(\eta)<0 \tag{11}$$

在式(8)中令 $x=\xi,\eta$ 可得

$$P'_n(\xi)P_{n-1}(\xi)>0,P'_n(\eta)P_{n-1}(\eta)>0$$

于是

$$P'_n(\xi)P'_n(\eta)P_{n-1}(\xi)P_{n-1}(\eta)>0$$

由此及式(11)即知

$$P_{n-1}(\xi)P_{n-1}(\eta)<0 \tag{12}$$

这就证明 $P_{n-1}(\xi)$ 与 $P_{n-1}(\eta)$ 的符号相反,因而在 (ξ,η) 中,$P_{n-1}(x)$ 至少有一零点.

类似的,如果 $\tilde{\xi},\tilde{\eta}$ 是 $P_{n-1}(x)$ 的两个相邻零点,且 $\tilde{\xi}<\tilde{\eta}$,那么代替式(11)有

$$P'_{n-1}(\tilde{\xi})P'_{n-1}(\tilde{\eta})<0$$

且由式(8)可得

$$-P'_{n-1}(\tilde{\xi})P_n(\tilde{\xi})>0$$

$$-P'_{n-1}(\tilde{\eta})P_n(\tilde{\eta})>0$$

因而代替式(12)有

$$P_n(\tilde{\xi})P_n(\tilde{\eta})<0$$

由此即知,在$(\tilde{\xi},\tilde{\eta})$中,$P_n(x)$至少有一个零点.

综合以上所述即知,在$P_n(x)$的两个相邻零点间有且仅有$P_{n-1}(x)$的一个零点,在$P_{n-1}(x)$的两个相邻零点间有且仅有$P_n(x)$的一个零点. 由于$P_n(x)$及$P_{n-1}(x)$分别有n个及$n-1$个单零点落在$(-1,1)$中,故它们的零点相互分离排列如式(7). 定理证毕.

3. $x_{v,n}$与$x_{v,n-1}$的距离

由式(7)即知,$P_{n-1}(x)$的任意一个零点$x_{v,n-1}$与$P_n(x)$的两个相邻零点$x_{v,n}$及$x_{v+1,n}$满足不等式

$$x_{v,n}>x_{v,n-1}>x_{v+1,n} \tag{13}$$

匈牙利数学家 Turan(图兰)考虑了$x_{v,n}$与$x_{v,n-1}$的距离,在1950年证明了下述定理:

定理3 $P_n(x)$与$P_{n-1}(x)$的相邻正零点之间的距离,自右向左,严格上升,即

$$x_{1,n}-x_{1,n-1}<x_{2,n}-x_{2,n-1}<\cdots<x_{\left[\frac{n-1}{2}\right],n}-x_{\left[\frac{n-1}{2}\right],n-1} \tag{14}$$

为了证明此定理,先证明五条引理:

引理2 当$0\leqslant x\leqslant 1,n\geqslant 1$时

$$\Phi(x)=\{P_n(x)\}^2+\frac{1-x^2}{n(n+1)}\{P'_n(x)\}^2 \tag{15}$$

为x的严格上升函数且恒取正值.

证明 显然

$$\Phi'(x)=\frac{1}{n(n+1)}\{2P'_n(x)[(n+1)nP_n(x)-xP'_n(x)+(1-x^2)P''_n(x)]\}$$

我们知道 $u=P_n(x)$ 为微分方程

$$(1-x^2)\frac{\mathrm{d}^2u}{\mathrm{d}x^2}-2x\frac{\mathrm{d}u}{\mathrm{d}x}+n(n+1)u=0$$

的解,所以

$$(1-x^2)P''_n(x)-xP'_n(x)+n(n+1)P_n(x)=xP'_n(x)$$

于是

$$\Phi'(x)=\frac{2x}{n(n+1)}\{P'_n(x)\}^2$$

由此即知,当 x 在 $[0,1]$ 中时,除去 $x=0$ 及 $P'_n(x)$ 的 $\left[\frac{n-1}{2}\right]$ 个正零点外,恒有

$$\Phi'(x)>0$$

所以 $\Phi(x)$ 是严格上升函数.

由于 $P_n(0)$ 与 $P'_n(0)$ 不同时为零,故

$$\Phi(0)=\{P_n(0)\}^2+\frac{\{P'_n(0)\}^2}{n(n+1)}>0$$

又

$$\Phi(1)=\{P_n(1)\}^2=1$$

因此当 x 自 0 上升到 1 时,$\Phi(x)$ 自正值 $\Phi(0)$ 严格上升到 $\Phi(1)=1$. 证毕.

引理3　设 λ 为一个常数满足

$$0\leqslant\lambda<1$$

如果把方程

$$|P_n(x)|=\lambda \tag{16}$$

的根落在 $[0,1)$ 中记作 μ_γ,且设

$$1>\mu_1>\mu_2>\cdots\geqslant 0 \tag{17}$$

则

$$|P'_n(\mu_1)| > |P'_n(\mu_2)| > \cdots \tag{18}$$

证明　由式(16)及μ_γ的定义即知

$$|P_n(\mu_\gamma)| = \lambda$$

由此及式(15)即知

$$\begin{aligned}\Phi(\mu_\gamma) &= \{P_n(\mu_\gamma)\}^2 + \frac{1-\mu_\gamma^2}{n(n+1)}\{P'_n(\mu_\gamma)\}^2 \\ &= \lambda^2 + \frac{1-\mu_\gamma^2}{n(n+1)}\{P'_n(\mu_\gamma)\}^2\end{aligned}$$

由引理2及式(17)即知

$$\Phi(\mu_1) > \Phi(\mu_2)$$

因而

$$0 < \Phi(\mu_1) - \Phi(\mu_2) = \frac{1}{n(n+1)}[(1-\mu_1^2)\{P'_n(\mu_1)\}^2 - (1-\mu_2^2)\{P'_n(\mu_2)\}^2]$$

所以

$$(1-\mu_1^2)\{P'_n(\mu_1)\}^2 > (1-\mu_2^2)\{P'_n(\mu_2)\}^2$$

也就是

$$\{P'_n(\mu_1)\}^2 > \frac{1-\mu_2^2}{1-\mu_1^2}\{P'_n(\mu_2)\}^2$$

由式(17)知

$$\frac{1-\mu_2^2}{1-\mu_1^2} = 1 + \frac{\mu_1^2-\mu_2^2}{1-\mu_1^2} > 1$$

于是即得

$$\{P'_n(\mu_1)\}^2 > \{P'_n(\mu_2)\}^2$$

由此即得

$$|P'_n(\mu_1)| > |P'_n(\mu_2)|$$

同理可证

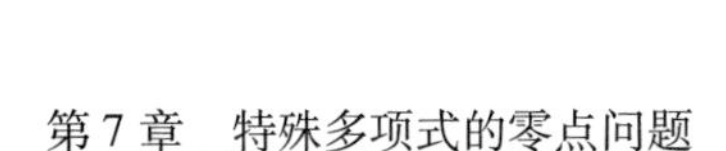

$$|P'_n(\mu_2)| > |P'_n(\mu_3)|$$

以此类推即知式(18)成立. 证毕.

设 $x_{v+1,n}$ 与 $x_{v,n}$ 为 $P_n(x)$ 的两个相邻零点. 由式(13)即知在 $(x_{v+1,n}, x_{v,n})$ 中有且仅有 $P_{n-1}(x)$ 的一个零点 $x_{v,n-1}$. 我们知道在 $(x_{v+1,n}, x_{v,n})$ 中 $P'_n(x)$ 有且仅有一个零点记作 η_v. 注意到 $x_{v,n-1}$ 把 $(x_{v+1,n}, x_{v,n})$ 分成两个开区间 $(x_{v+1,n}, x_{v,n-1})$, $(x_{v,n-1}, x_{v,n})$, η_v 究竟落在哪一个开区间中, 下述引理回答了这个问题.

引理4　对 $P'_n(x)$ 的非负零点来说成立不等式

$$x_{v+1,n} < \eta_v < x_{v,n-1} < x_{v,n} \tag{19}$$

证明　为叙述简便, 将用 sgn 表示符号函数, 即

$$\operatorname{sgn} x = \begin{cases} 1 & (x > 0) \\ 0 & (x = 0) \\ -1 & (x < 0) \end{cases} \tag{20}$$

我们知道 $P_n(1) = 1$, 因而

$$\operatorname{sgn} P_n(x) = \begin{cases} 1 & (x_{1,n} < x \leqslant 1) \\ -1 & (x_{2,n} < x < x_{1,n}) \end{cases}$$

一般情形有

$$\operatorname{sgn} P_n(x) = (-1)^v \quad (x_{v+1,n} < x < x_{v,n})$$

这里 $v = 1, 2, \cdots, n-1$. 同理

$$\operatorname{sgn} P_{n-1}(x) = (-1)^v \quad (x_{v+1,n-1} < x < x_{v,n-1})$$

这里 $v = 1, 2, \cdots, n-2$.

当 $0 \leqslant x < 1$ 时, 显然

$$\operatorname{sgn}(1 - x^2) = 1$$

于是由递推公式

$$(1 - x^2) P'_n(x) = n P_{n-1}(x) - n x P_n(x)$$

即知

$$\begin{aligned}\operatorname{sgn}\{P'_n(x)\} &= \operatorname{sgn}\{(1-x^2)P'_n(x)\}\\ &= \operatorname{sgn}\{nP_{n-1}(x)-nxP_n(x)\}\end{aligned} \tag{21}$$

注意到点 $x=x_{v,n-1}$ 在 $(x_{v+1,n},x_{v,n})$ 中,因而

$$\operatorname{sgn}\{P_n(x_{v,n-1})\}=(-1)^v$$

于是当 $x_{v+1,n}\geqslant 0$ 时,由式(21)即知

$$\begin{aligned}\operatorname{sgn}\{P'_n(x_{v,n-1})\} &= -\operatorname{sgn}\{x_{v,n-1}P_n(x_{v,n-1})\}\\ &=(-1)^{v+1}\end{aligned}$$

又因点 $x=x_{v+1,n}$ 落在 $(x_{v+1,n-1},x_{v,n-1})$ 中,因而

$$\operatorname{sgn}\{P_{n-1}(x_{v+1,n})\}=(-1)^v$$

于是由式(21)即知

$$\operatorname{sgn}\{P'_n(x_{v+1,n})\}=\operatorname{sgn}\{nP_{n-1}(x_{v+1,n})\}=(-1)^v$$

由上述结果即知,在 $[x_{v+1,n},x_{v,n-1}]$ 的两端点处 $P'_n(x)$ 的符号相反,所以在 $(x_{v+1,n},x_{v,n-1})$ 中 $P'_n(x)$ 至少有一个零点,但 $(x_{v+1,n},x_{v,n-1})$ 又全部在 $(x_{v+1,n},x_{v,n})$ 中,因此在 $(x_{v+1,n},x_{v,n-1})$ 中 $P'_n(x)$ 也仅能有一个零点. 这就证明式(19)成立. 证毕.

引理 5 当 $\frac{1}{2n+1}\leqslant x\leqslant 1$ 时,多项式

$$\Delta=\Delta_n(x)=P_n^2(x)-P_{n+1}(x)P_{n-1}(x)\quad(n\geqslant 1) \tag{22}$$

为严格下降函数.

证明 为书写简便,将 $P_n(x),P'_n(x),\cdots$,简写作 $P_n,P'_n,\cdots$. 显然

$$(n+1)\Delta=(n+1)P_n^2-(n+1)P_{n+1}P_{n-1} \tag{23}$$

由递推公式知

$$(n+1)P_{n+1}=(2n+1)xP_n-nP_{n-1}$$

于是可以把式(23)改写作

$$\begin{aligned}(n+1)\Delta&=(n+1)P_n^2-P_{n-1}\{(2n+1)xP_n-nP_{n-1}\}\\&=(n+1)P_n^2-(2n+1)xP_nP_{n-1}+nP_{n-1}^2\end{aligned}\tag{24}$$

所以

$$\begin{aligned}(n+1)\Delta'=2(n+1)P_nP'_n-(2n+1)\{P_nP_{n-1}+\\xP'_nP_{n-1}+xP_nP'_{n-1}\}+2nP_{n-1}P'_{n-1}\end{aligned}$$

由递推公式即知

$$P_n=\frac{x}{n}P'_n-\frac{1}{n}P'_{n-1},P_{n-1}=\frac{1}{n}P'_n-\frac{x}{n}P'_{n-1}$$

因此

$$\begin{aligned}&n^2(n+1)\Delta'=2(n+1)n(xP'_n-P'_{n-1})P'_n-(2n+1)\cdot\\&\{(xP'_n-P'_{n-1})(P'_n-xP'_{n-1})+nx(P'_n-xP'_{n-1})P'_n+\\&nxP'_{n-1}(xP'_n-P'_{n-1})\}+2n^2(P'_n-xP'_{n-1})P'_{n-1}\end{aligned}$$

合并同类项即得

$$\begin{aligned}(n+1)n^2\Delta'&=\{P'_n\}^2\{2(n+1)nx-(2n+1)x-(2n+\\&\quad 1)nx\}-\{P'_{n-1}\}^2\{(2n+1)x-(2n+1)\cdot\\&\quad nx+2n^2x\}-P'_nP'_{n-1}\{2(n+1)n-\\&\quad(2n+1)(x^2+1)-nx^2+nx^2-2n^2\}\\&=-(n+1)x\left\{(P'_n)^2+(P'_{n-1})^2-\right.\\&\quad\left.\frac{(2n+1)x^2+1}{(n+1)x}P'_nP'_{n-1}\right\}\end{aligned}$$

由此即得

$$\Delta'=-\frac{x}{n^2}\left\{\left[P'_n-\frac{(2n+1)x^2+1}{2(n+1)x}P'_{n-1}\right]^2-\right.$$

$$\frac{[(2n+1)x^2+1]^2-4(n+1)^2x^2}{4(n+1)^2x^2}(P'_{n-1})^2\Big\}$$

显然

$$\begin{aligned}&\{(2n+1)x^2+1\}^2-4(n+1)^2x^2\\=&\{2(n+1)x^2+2(n+1)x+1\}\cdot\\&\{(2n+1)x^2-2(n+1)x+1\}\\=&-(1-x^2)\{(2n+1)x+1\}\{(2n+1)x-1\}\end{aligned}$$

所以

$$\Delta'_n=-\frac{x}{n^2}\Big\{\Big[P'_n-\frac{(2n+1)x^2+1}{2(n+1)x}P'_{n-1}\Big]^2+\frac{(1-x^2)}{4(n+1)^2x^2}\cdot$$
$$[(2n+1)x+1][(2n+1)x-1](P'_{n-1})^2\Big\}\tag{25}$$

当$\frac{1}{2n+1}\leqslant x\leqslant 1$时，可能除去有限个点使$\Delta'_n(x)=0$外，式(25)的右端恒取负值，因而$\Delta_n(x)$为严格下降函数. 证毕.

由式(22)即知

$$\Delta_n(1)=P_n^2(1)-P_{n+1}(1)P_{n-1}(1)=0$$

因此由引理4即知

$$\Delta_n(x)\geqslant 0\quad\left(\frac{1}{2n+1}\leqslant x\leqslant 1\right)$$

由式(24)知

$$\begin{aligned}\Delta&=P_n^2-\frac{(2n+1)x}{n+1}P_nP_{n-1}+\frac{n}{n+1}P_{n-1}^2\\&=\Big\{P_n-\frac{(2n+1)x}{2n+2}P_{n-1}\Big\}^2+\frac{4(n+1)n-(2n+1)^2x^2}{4(n+1)^2}P_{n-1}^2\end{aligned}$$

由此即知，当$0\leqslant x\leqslant\frac{2\sqrt{n(n+1)}}{2n+1}$时，$\Delta_n(x)\geqslant 0$. 注意到当$n\geqslant 1$时

$$\frac{2\sqrt{n(n+1)}}{2n+1}>\frac{1}{2n+1}$$

这就证明

$$\Delta_n(x)\geqslant 0\quad(0\leqslant x\leqslant 1)$$

由于$\Delta_n(x)$是x的偶函数,所以

$$\Delta_n(x)\geqslant 0\quad(-1\leqslant x\leqslant 1)\tag{26}$$

又因$\Delta_n(x)$为x的$2n$次多项式,且

$$\Delta_n(0)=P_n^2(0)-P_{n+1}(0)P_{n-1}(0)\neq 0$$

所以$\Delta_n(x)$不恒等于零. 因而在式(26)中只可能有有限个点取等号,其余都取大于号. 以后将要证明除去$x=\pm 1$外,恒取大于号. 不等式(26)叫作 Turan 不等式.

引理6　对$P_{n-1}(x)$的正零点成立不等式

$$|P_n(x_{1,n-1})|<|P_n(x_{2,n-1})|<\cdots<|P_n(x_{[\frac{n-1}{2}],n-1})|\tag{27}$$

证明　按照定义

$$x_{[\frac{n-1}{2}],n-1}=\cos\vartheta_{[\frac{n-1}{2}],n-1}$$

这里$\vartheta_{[\frac{n-1}{2}],n-1}$为$P_{n-1}(\cos\theta)$的零点在$\left(0,\frac{\pi}{2}\right)$中,且最靠近$\frac{\pi}{2}$. 由定理3知

$$\vartheta_{[\frac{n-1}{2}],n-1}<\frac{\left[\frac{n-1}{2}\right]}{n}\pi\leqslant\frac{n-1}{2n}\pi$$

因而

$$x_{[\frac{(n-1)}{2}],n-1}=\cos\vartheta_{[\frac{(n-1)}{2}],n-1}>\cos\left(\frac{\pi}{2}-\frac{\pi}{2n}\right)=\sin\frac{\pi}{2n}$$

我们知道. 当$0\leqslant\theta\leqslant\frac{\pi}{2}$时,知

$$\sin\theta\geqslant\frac{2}{\pi}\theta$$

所以

$$\vartheta_{\left[\frac{(n-1)}{2}\right],n-1}>\sin\frac{\pi}{2n}>\frac{2}{\pi}\cdot\frac{\pi}{2n}>\frac{1}{2n+1}$$

于是有

$$\frac{1}{2n+1}<x_{\left[\frac{n-1}{2}\right],n-1}<\cdots<x_{2,n-1}<x_{1,n-1}<1 \quad (28)$$

由式(22)知

$$\Delta_n(x_{v,n-1})=\{P_n(x_{v,n-1})\}^2$$

由引理5知,当 x 自$\frac{1}{2n+1}$上升到1时,$\Delta_n(x)$为 x 的严格下降函数;于是由式(23)即知

$$\{P_n(x_{\left[\frac{n-1}{2}\right],n-1})\}^2>\cdots>\{P_n(x_{2,n-1})\}^2>\{P_n(x_{1,n-1})\}^2$$

由此即知式(27)成立. 证毕.

定理3的证明

由引理4知

$$0\leqslant x_{v+1,n}<\eta_v<x_{v,n-1}<x_{v,n}<\eta_{n-1}<x_{v-1,n-1}<x_{v-1,n} \quad (29)$$

要证明式(14)实际上就是要证明

$$x_{v-1,n}-x_{v-1,n-1}<x_{v,n}-x_{v,n-1} \quad (30)$$

这里 $v=2,3,\cdots,\left[\frac{n-1}{2}\right]$. 为此考虑

$$y=|P_n(x)| \quad (31)$$

在闭区间 I_v 的图形,这里 I_v 表示$[x_{v,n-1},x_{v,n}]$. 由式(29)知 $P'_n(x)$的零点在 I_v 之外. 又因

$$|P_n(x_{v,n})|=0$$

所以函数(31)在 I_v 中连续严格下降自正值 $|P_n(x_{v,n-1})|$ 下降到零. 因此对 I_v 而言,函数(31)存在反函数 $x=g_v(y)$ 也连续严格下降;当 y 自 0 上升到 $|P_n(x_{v,n-1})|$ 时,x 自 $x_{v,n}$ 下降到 $x_{v,n-1}$. 记闭区间 $[0,|P_n(x_{v,n-1})|]$ 为 J_v,显然 I_v 与 J_v 一一对应. 由于函数(31)在 I_v 中有负的导数(在端点处的导数按照惯例规定为左导数及右导数);所以 $x=g_v(y)$ 在 J_v 中也有负的导数 $\frac{dx}{dy}=g'_v(y)$. 由定义知

$$\begin{aligned} x_{v,n}-x_{v,n-1} &= g_v(y)\Big|_{|P_n(x_{v,n-1})|}^{0} \\ &= \int_{|P_n(x_{v,n-1})|}^{0} g'_v(y)\,dy \\ &= \left|\int_0^{|P_n(x_{v,n-1})|} g'_v(y)\,dy\right| \\ &= \int_0^{|P_n(x_{v,n-1})|} |g'_v(y)|\,dy \end{aligned} \tag{32}$$

类似的,把 v 换为 $v-1$,得到一一对应的闭区间 I_{v-1}: $[x_{v-1,n-1},x_{v-1,n}]$ 及 J_{v-1}: $[0,|P_n(x_{v-1,n-1})|]$ 及具有负导数的反函数 $x=g_{v-1}(y)$. 代替式(32)有

$$x_{v-1,n}-x_{v-1,n-1}=\int_0^{|P_n(x_{v-1,n-1})|} |g'_{v-1}(y)|\,dy \tag{33}$$

由引理6知

$$|P_n(x_{v-1,n-1})|<|P_n(x_{v,n-1})| \tag{34}$$

因而区间 J_{v-1} 的长度小于区间 J_v 的长度. 下面画函数(31)在 I_v 及 I_{v-1} 的示意图形,如图1.

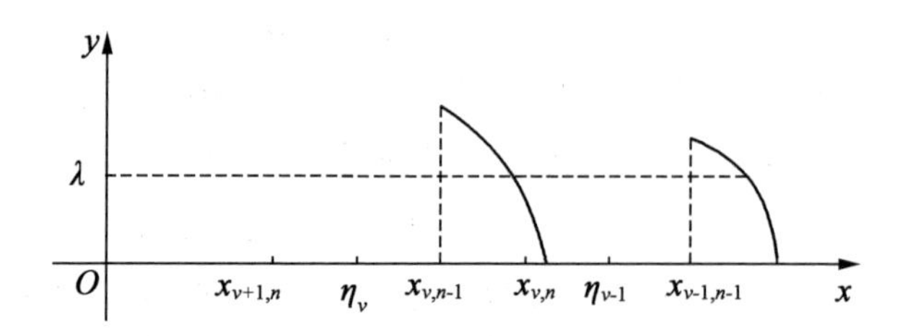

图 1

当 y 取一定值 λ，且 $0 \leqslant \lambda \leqslant |P_n(x_{v-1,n-1})| < 1$ 时，从图可看出

$$\mu_v = g_v(\lambda) < \mu_{v-1} = g_{v-1}(\lambda)$$

由引理 3 即知

$$|P'_n(\mu_{v-1})| > |P'_n(\mu_v)| \tag{35}$$

显然

$$|g'_v(y)| = \left|\frac{\mathrm{d}x}{\mathrm{d}y}\right| = \frac{1}{|P'_n(x)|} \quad (x \in I_v)$$

因而

$$|g'_v(\lambda)| = \frac{1}{|P'_n(\mu_v)|}$$

同理有

$$|g'_{v-1}(\lambda)| = \frac{1}{|P'_n(\mu_{v-1})|}$$

于是由式(35)即知

$$|g'_{v-1}(\lambda)| < |g'_v(\lambda)| \quad (\lambda \in [0, |P_n(x_{v-1,n-1})|]) \tag{36}$$

由式(32)(34)(36)及(33)即知

$$x_{v,n} - x_{v,n-1} > \int_0^{P_n(x_{v-1,n-1})} |g'_v(y)| \, \mathrm{d}y$$

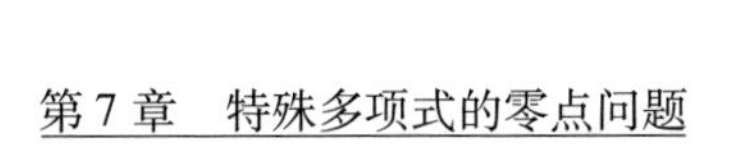

$$> \int_0^{P_n(x_{v-1,n-1})} | g'_{v-1}(y) | \mathrm{d}y$$

$$= x_{n-1,n} - x_{v-1,n-1}$$

于是式(30)成立. 定理证毕.

4. $P_n(x)$ 的最大正零点与 1 的距离

我们知道 $P_n(x)$ 的 n 个零点 $x_1,x_2,,\cdots,x_n$ 均在 $(-1,1)$ 中,现在要问这些零点全部在 $(-1,1)$ 的什么样子区间中. 由于这 n 个零点是关于原点对称的,所以只需求 $P_n(x)$ 的最大正零点 $x_1=\cos v_1$ 与 1 的距离即可. Laguerre(拉盖尔)用初等的方法得出这个距离的一个粗略估计. 下面叙述他的方法.

显然

$$P_n(x) = C_n\prod_{v=1}^{n}(x-x_v) \tag{37}$$

这里 C_n 为一非零常数. 为书写简便,令

$$g(x) = C_n\prod_{v=2}^{n}(x-x_v) \tag{38}$$

则式(37)可以写作

$$P_n(x)=(x-x_1)g(x) \tag{39}$$

由此可得

$$P'_n(x)=g(x)+(x-x_1)g'(x)$$

$$P''_n(x)=2g'(x)+(x-x_1)g''(x)$$

$$P_n(x)=3g''(x)+(x-x_1)g(x)$$

在这些等式中令 $x=x_1$ 立即得出

$$g(x_1)=P'_n(x),g'(x_1)=\frac{1}{2}P''_n(x_1),g''(x_1)=\frac{1}{3}P'''_n(x_1) \tag{40}$$

对式(38)用对数微分法可得

$$\sum_{v=2}^{n}\frac{1}{x-x_v}=\frac{g'(x)}{g(x)} \tag{41}$$

再对 x 微分一次可得

$$\sum_{v=2}^{n}\frac{1}{(x-x_v)^2}=-\frac{\mathrm{d}}{\mathrm{d}x}\left\{\frac{g'(x)}{g(x)}\right\}=\frac{g'(x)^2-g(x)g''(x)}{g^2(x)} \tag{42}$$

在式(41)及(42)中，令 $x=x_1$，并利用式(40)分别可得

$$\sum_{v=2}^{n}\frac{1}{x_1-x_v}=\frac{g'(x_1)}{g(x_1)}=\frac{P''_n(x_1)}{2P'_n(x_1)} \tag{43}$$

及

$$\begin{aligned}\sum_{v=2}^{n}\frac{1}{(x_1-x_v)^2}&=\frac{(g'(x_1))^2-g(x_1)g''(x_1)}{g^2(x_1)}\\&=\frac{3(P''_n(x_1))^2-4P'_n(x_1)P'''_n(x_1)}{12(P'_n(x_1))^2}\end{aligned} \tag{44}$$

在 Cauchy 不等式

$$\left|\sum_{v=1}^{n}a_vb_v\right|^2\leqslant\left\{\sum_{v=1}^{n}|a_v|^2\right\}\left\{\sum_{v=1}^{n}|b_v|^2\right\}$$

中令 $a_v=\dfrac{1}{x_1-x_v}$，$b_v=1(v=2,3,\cdots,n)$，可得

$$\left(\sum_{v=2}^{n}\frac{1}{x_1-x_0}\right)^2\leqslant(n-1)\sum_{v=2}^{n}\frac{1}{(x_1-x_v)^2}$$

也就是

$$(n-1)\sum_{v=2}^{n}\frac{1}{(x_1-x_v)^2}-\left(\sum_{v=2}^{n}\frac{1}{x_1-x_v}\right)^2\geqslant 0$$

将式(43)及(44)代入这个不等式左端即得

$$(n-1)\frac{3(P''_n(x_1))^2-4P'_n(x_1)P'''_n(x_1)}{12(P'_n(x_1))^2}-\frac{(P''_n(x_1))^2}{4(P'_n(x_1))^2}\geqslant 0$$

由此即得

$$3(n-2)(P''_n(x_1))^2-4(n-1)P'_n(x_1)P'''_n(x_1)\geqslant 0 \tag{45}$$

我们知道 Legendre 多项式 $P_n(x)$满足微分方程

$$(1-x^2)\frac{\mathrm{d}^2u}{\mathrm{d}x^2}-2x\frac{\mathrm{d}u}{\mathrm{d}x}+n(n+1)u=0$$

因而有

$$(1-x^2)P''_n(x)-2xP'_n(x)+n(n+1)P_n(x)=0$$

把上式再对 x 微分一次可得

$$(1-x^2)P'''_n(x)-4xP''_n(x)+(n-1)(n+2)P'_n(x)=0$$

令 $x=x_1$ 并注意到 $P_n(x_1)=0$,于是可得

$$(1-x_1^2)P''_n(x_1)=2x_1P'_n(x_1)$$

$$\begin{aligned}&(1-x_1^2)P'''_n(x_1)\\ =&4x_1P''_n(x_1)-(n-1)(n+2)P'_n(x_1)\\ =&\frac{8x_1^2P'_n(x_1)}{1-x_1^2}-(n-1)(n+2)P'_n(x_1)\\ =&\frac{\{(n-1)(n+2)+8\}x_1^2-(n-1)(n+2)}{1-x_1^2}P'_n(x_1)\end{aligned}$$

把这些结果代入式(45)即得

$$3(n-2)\frac{4x_1^2}{(1-x_1^2)^2}\{P'_n(x_1)\}^2-4(n-1)\cdot$$

$$\frac{(n^2+n+6)x_1^2-(n-1)(n+2)}{(1-x_1^2)^2}\{P'_n(x_1)\}^2\geqslant 0$$

由此即得

$$3(n-2)x_1^2-(n-1)\{(n^2+n+6)x_1^2-(n-1)(n+2)\}\geqslant 0$$

也就是

$$\{(n-1)(n^2+n+6)-3(n-2)\}x_1^2\leqslant(n-1)^2(n+2)$$

即

$$x_1^2\leqslant\frac{(n-1)^2(n+2)}{n(n^2+2)}$$

注意到 x_1 为正数,由此即知当 $n\to\infty$ 时

$$\begin{aligned}x_1&\leqslant(n-1)\left\{\frac{n+2}{n(n^2+2)}\right\}^{\frac{1}{2}}\\&=\left(1-\frac{1}{n}\right)\left(1+\frac{2}{n}\right)^{\frac{1}{2}}\left(1+\frac{2}{n^2}\right)^{-\frac{1}{2}}\\&=\left(1-\frac{1}{n}\right)\left\{1+\frac{1}{n}-\frac{1}{2n^2}+O\left(\frac{1}{n^3}\right)\right\}\cdot\\&\quad\left\{1-\frac{1}{n^2}+O\left(\frac{1}{n^4}\right)\right\}\\&=1-\frac{5}{2n^2}+O\left(\frac{1}{n^3}\right)\end{aligned}\tag{46}$$

因而

$$1-x_1\geqslant\frac{5}{2}\cdot\frac{1}{n^2}-O\left(\frac{1}{n^3}\right)\tag{47}$$

这个不等式给出 $P_n(x)$ 的最大正零点与 1 的距离的估计. 由式(46)即知 $P_n(x)$ 的所有零点均在闭区间

$$\left[-1+\frac{5}{2n^2}-O\left(\frac{1}{n^3}\right),1-\frac{5}{2n^2}+O\left(\frac{1}{n^3}\right)\right]$$

中.

利用定理 3 可以把式(46)及(47)中 $\frac{1}{n^2}$ 项的系数

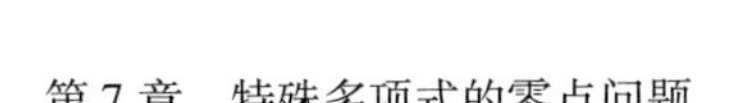

$\frac{5}{2}$稍加改进. 可知

$$\frac{\frac{3\pi}{4}}{n+\frac{1}{2}}<\vartheta_1<\frac{\pi}{n+1}$$

由此即知

$$\cos\frac{\pi}{n+1}<x_1=\cos\vartheta_1<\cos\frac{\frac{3\pi}{4}}{n+\frac{1}{2}}$$

当 $n\to\infty$ 时

$$\cos\frac{\frac{3\pi}{4}}{n+\frac{1}{2}}=1-\frac{1}{2}\left(\frac{\frac{3\pi}{4}}{n+\frac{1}{2}}\right)^2+O\left(\frac{1}{n^4}\right)$$

$$=1-\frac{9\pi^2}{32}\cdot\frac{1}{n^2}+O\left(\frac{1}{n^3}\right)$$

$$\cos\frac{\pi}{n+1}=1-\frac{1}{2}\left(\frac{\pi}{n+1}\right)^2+O\left(\frac{1}{n^4}\right)$$

$$=1-\frac{\pi^2}{2}\cdot\frac{1}{n^2}+O\left(\frac{1}{n^3}\right)$$

由此即知

$$1-\frac{\pi^2}{2}\cdot\frac{1}{n^2}+O\left(\frac{1}{n^3}\right)<x_1<1-\frac{9\pi^2}{32}\cdot\frac{1}{n^2}+O\left(\frac{1}{n^3}\right)$$

因而

$$\frac{\pi^2}{2}\cdot\frac{1}{n^2}+O\left(\frac{1}{n^3}\right)>1-x_1>\frac{9\pi^2}{32}\cdot\frac{1}{n^2}+O\left(\frac{1}{n^3}\right)\quad(48)$$

注意$\frac{9\pi^2}{32}=2.775\ 84>2.5$，所以式(48)右端的不等式

较式(47)稍有改善.

对式(37)用对数微分法可得

$$\frac{P'_n(x)}{P_n(x)}=\sum_{v=1}^{n}\frac{1}{x-x_v} \tag{49}$$

设 n 为固定整数,则 $|x_v|<1(v=1,2,\cdots,n)$,于是由式(49)即知,当 $x\geqslant 1$ 时

$$\frac{P'_n(x)}{P_n(x)}=\frac{1}{x}\sum_{v=1}^{n}\frac{1}{1-\frac{x_v}{x}}=\sum_{v=1}^{n}\left\{\frac{1}{x}+\sum_{k=1}^{\infty}\frac{x_v^k}{x^{k+1}}\right\}$$

在这个等式中令 $x=1$ 即得

$$\frac{P'_n(x)}{P_n(x)}=\sum_{v=1}^{n}\left\{1+\sum_{k=1}^{\infty}x_v^k\right\} \tag{50}$$

已知

$$P'_n(1)=\frac{n(n+1)}{2}$$

因此式(50)可以写作

$$\frac{n(n+1)}{2}=n+\sum_{v=1}^{n}\sum_{k=1}^{\infty}x_v^k$$

也就是

$$\sum_{k=1}^{\infty}\sum_{v=1}^{n}x_v^k=\frac{n(n-1)}{2} \tag{51}$$

这个等式 1974 年 Paridi(派里提)首先得出.

5. $|P_n(x)|$的极大值

我们知道,当 n 为奇数时,$P_n(x)$有$\frac{n-1}{2}$个正零点,但这时 $x=0$ 也是 $P_n(x)$的零点. 在两个相邻零点之间,$P_n(x)$必然有极大值或极小值. 对$|P_n(x)|$来说,$P_n(x)$极小值也变为$|P_n(x)|$的极大值,所以在$[0,1]$

中，$|P_n(x)|$有$\left[\frac{n}{2}\right]=\frac{n-1}{2}$个极大值.

当n为偶数时，$P_n(x)$有$\frac{n}{2}$个正零点. 注意这时$x=0$使$P_n(x)$取极大值，因此在$[0,1]$中，$|P_n(x)|$仍然有$\left[\frac{n}{2}\right]=\frac{n}{2}$个极大值.

利用引理2可以证明在$[0,1]$中$|P_n(x)|$的$\left[\frac{n}{2}\right]$个极大值具有下述性质：

定理4　设$n\geqslant 2$. 当x自1下降到0时$|P_n(x)|$的极大值依次排列，构成严格下降序列.

说明：当x自1下降到0，$|P_n(x)|$的极大值顺次排列，设为$M_1,M_2,\cdots,M_{\left[\frac{n}{2}\right]}$. 我们将证明

$$M_1>M_2>\cdots>M_{\left[\frac{n}{2}\right]}\geqslant 0 \tag{52}$$

证明　当对应$|P_n(x)|$的$\left[\frac{n}{2}\right]$个极大值M_1，$M_2,\cdots,M_{\left[\frac{n}{2}\right]}$的$x$之值为$\tilde{x}_1,\tilde{x}_2,\cdots,\tilde{x}_{\left[\frac{n}{2}\right]}$. 易知

$$P'_n(1)=\frac{n(n+1)}{2}>0$$

所以$x=1$不是$P_n(x)$的极值点，因而按照假设有

$$1>\tilde{x}_1>\tilde{x}_2>\cdots>\tilde{x}_{\left[\frac{n}{2}\right]}\geqslant 0 \tag{53}$$

在$x=\tilde{x}_v\left(v=1,2,\cdots,\left[\frac{n}{2}\right]\right)$处显然$P'_n(\tilde{x}_v)=0$，于是由

$$\Phi(x)=\{P_n(x)\}^2+\frac{1-x^2}{n(n+1)}\{P'_n(x)\}^2$$

即知

$$\Phi(\tilde{x}_v) = \{P_n(\tilde{x}_v)\}^2 = M_v^2 \quad \left(v = 1, 2, \cdots, \left[\frac{n}{2}\right]\right) \tag{54}$$

由引理 2 知 $\Phi(x)$ 是严格上升的，所以由式(53)即知

$$\Phi(\tilde{x}_1) > \Phi(\tilde{x}_2) > \cdots > \Phi(\tilde{x}_{[\frac{n}{2}]})$$

由此及式(54)即得

$$M_1^2 > M_2^2 > \cdots > M_{[\frac{n}{2}]}^2$$

注意到 $M_1, M_2, \cdots, M_{[\frac{n}{2}]}$ 均为正实数，于是即得式(52). 定理证毕.

我们还可以证明

$$M_1 < 1 \tag{55}$$

为此需要证明对任意固定的 $x \in (-1, 1)$，恒有

$$|P_n(x)| < 1 \tag{56}$$

利用 $P_n(\cos\theta)$ 的余弦函数表示，已经证明当 $-1 \leqslant x \leqslant 1$ 时，

$$|P_n(x)| \leqslant 1$$

当然这个式子在 $x = \pm 1$ 处是取等号. 要证明它在 $(-1, 1)$ 中任意一点处取小于号，需要 Laplace（拉普拉斯）第一积分

$$P_n(x) = \frac{1}{\pi}\int_0^{\pi} (x + \sqrt{x^2 - 1}\cos\varphi)^n \mathrm{d}\varphi \tag{57}$$

当 $-1 < x < 1$ 时，$\sqrt{x^2 - 1}$ 为纯虚数，规定为 $\mathrm{i}\sqrt{1 - x^2}$，这里 $\sqrt{1 - x^2}$ 为正实数. 于是

$$\begin{aligned}|x + \sqrt{x^2 - 1}\cos\varphi| &= |x + \mathrm{i}\sqrt{1 - x^2}\cos\varphi| \\ &= \sqrt{x^2 + (1 - x^2)\cos^2\varphi}\end{aligned}$$

$$= \sqrt{1-(1-x^2)\sin^2\varphi} \quad (58)$$

由此即知:当 $0<\varphi<\pi$ 时,恒有

$$|x+\sqrt{x^2-1}\cos\varphi|<1 \quad (59)$$

只有当 $\varphi=0$ 或 π 时,式(59)左端才能取值1. 由式(59)即得:当 $n\geqslant 1$ 时

$$|x+\sqrt{x^2-1}\cos\varphi|^n<1$$

因而

$$\int_0^\pi \{1-|x+\sqrt{x^2-1}\cos\varphi|^n\}\mathrm{d}\varphi>0$$

于是

$$\frac{1}{\pi}\int_0^\pi |x+\sqrt{x^2-1}\cos\varphi|^n\mathrm{d}\varphi<\frac{1}{\pi}\int_0^\pi \mathrm{d}\varphi=1$$

由此及式(57)即知:当 $-1<x<1$ 时

$$|P_n(x)|\leqslant\frac{1}{\pi}\int_0^\pi |\pi+\sqrt{x^2-1}\cos\varphi|^n\mathrm{d}\varphi<1$$

这就证明式(56)成立.

由式(53)知,$0<\tilde{x}_1<1$. 于是由式(56)即知

$$M_1=|P_n(\tilde{x}_1)|<1$$

这就证明式(55)成立. 因此定理7的结论式(52)还可以写作

$$1>M_1>M_2>\cdots>M_{[\frac{n}{2}]}\geqslant 0 \quad (60)$$

复减上的零点问题

第8章

§1 微分多项式 $f^kQ[f]+P[f]$ 的零点分布

在纪念李国平院士吴新谋教授诞辰100周年之际，湖南第一师范学院数学系的詹小平、谭卫平两位教授撰文讨论了亚纯函数及其微分多项式 $f^kQ[f]+P[f]$ 例外集理论的产生，发展和最新进展，并且为下一步研究提出了建议.

1. 引言

如果一个函数 $f(z)$ 在复平面上区域 D 内处处单值解析，我们称函数 $f(z)$ 为区域 D 内的解析函数，整个复平面 C 上的解析函数称为整函数，在复平面 C 上除极点外都解析的函数称为亚纯函数，除有理函数外的整函数称为超越整函数，除有理函数外的亚纯函数称为超越亚纯函数. 我们采用 Nevanlinna(奈望林纳)理论[1]的记号，

用 $n(r,a)=n\left(r,\frac{1}{f-a}\right)$ 表示函数 $f(z)-a$ 在 $|z|\leqslant r$ 内的零点的个数(零点重数计入个数),用 $n(r,f)$ 表示函数 $f(z)$ 在 $|z|\leqslant r$ 内极点的个数(极点重数计入个数),引用记号

$$N(r,a)=\int_0^r \frac{n(t,a)-n(0,a)}{t}\mathrm{d}t+n(0,a)\log r \quad (a\neq\infty)$$

$$N(r,f)=\int_0^r \frac{n(t,f)-n(0,f)}{t}\mathrm{d}t+n(0,f)\log r$$

和

$$m(r,a)=\frac{1}{2\pi}\int_0^{2\pi}\log^+\frac{1}{|f(re^{i\theta})-a|}\mathrm{d}\theta$$

$$m(r,f)=\frac{1}{2\pi}\int_0^{2\pi}\log^+|f(re^{i\theta})|\mathrm{d}\theta$$

我们称

$$T(r,f)=m(r,f)+N(r,f)$$

为函数 $f(z)$ 的特征函数,称

$$\lambda=\limsup_{n\to\infty}\frac{\log T(r,f)}{\log r}$$

为函数 $f(z)$ 的级,称

$$\delta(a,f)=1-\limsup_{n\to\infty}\frac{N(r,a)}{T(r,f)} \quad (a\in\overline{C}=C\cup\{\infty\})$$

为函数 $f(z)$ 的 a 值点亏量. 用 $S(r,f)$ 表示 $o(T(r,f))$,可能除去 r 的一个 Lebesgue(勒贝格)线性测度为有限的集合,设 $n_0,n_1,\cdots,n_k$ 是非负整数,我们称

$$M[f]=f^{n_0}(f')^{n_1}\cdots(f^{(k)})^{n_k}$$

为 f 的一个微分单项式,$\gamma_M=n_0+n_1+\cdots+n_k$ 和 $\Gamma_M=n_0+2n_1+\cdots+(1+k)n_k$ 分别称为 $M[f]$ 的次数和权.

若 $a(z)$ 亚纯,且满足 $T(r,a)=S(r,f)$,则称 $a(z)$ 为小函数. 设 $b_0(z),b_1(z),\cdots,b_n(z)$ 是小函数,且 $b_n(z)\not\equiv 0$,又设 $M_i[f](i=1,2,\cdots,l)$ 为 f 的微分单项式,则称

$$Q[f]=b_1M_1[f]+b_2M_2[f]+\cdots+b_lM_l[f]$$

为 f 的微分多项式. 又

$$\gamma_Q=\max_{1\leqslant j\leqslant l}\{\gamma_{M_j}\}$$

和

$$\Gamma_Q=\max_{1\leqslant j\leqslant l}\{\Gamma_{M_j}\}$$

分别称为 $Q[f]$ 的次数和权.

根据著名的 Picard(毕卡)定理,每个超越亚纯函数 f 取 $\overline{C}=C\cup\{\infty\}$ 中的值无穷次,至多有两个值例外. 1958 年,Lehto[2](雷托)将 Picard 定理推广为:存在无穷点集 $\mathfrak{F}\subset C$,使得每个超越亚纯函数 f 在 $C\backslash\mathfrak{F}$ 中取每个值 $\omega\in\overline{C}$ 无穷次,至多有两个值例外(特别对整函数 f,只有一个有限值例外). 这样的集 $\mathfrak{F}$ 成为亚纯函数(或整函数) f 的 Picard 例外集,有时就简称例外集. 此后学者们开始从例外集问题的角度对值分布理论中的著名定理进行推广.

关于整函数和亚纯函数的值分布,1959 年 Hayman(海曼)证明了下面两个定理.

定理 A[3] 设 f 为超越整函数,$F=f^n$($n\geqslant 3$ 为自然数),则 F' 取任意非零有限复数无限次.

定理 B[3] 设 f 为超越亚纯函数,$F=f^n$($n\geqslant 4$ 为自然数),则 F' 取任意非零有限复数无限次.

1981 年, J. M. Anderson, I. N. Baker, 和 J. G.

Clunie,从例外集问题的角度推广了 Hayman 的上述结论,得到了

定理1[4]　设f为超越整函数,$F=f^n$($n\geqslant 3$为自然数),集$\mathfrak{F}=\{\lambda_n\}$是一个复序列,满足$\left|\frac{\lambda_{n+1}}{\lambda_n}\right|>q>1$,其中$q>1$为常数,则$F'$在$C\backslash\{\lambda_n\}$中取任意非零有限复数$\omega\in C$无穷次.

定理2[4]　设f为超越亚纯函数,$F=f^n$,$n\geqslant 12$,又设$\mathfrak{F}=\{\lambda_n\}$是一个复序列,满足

$$\liminf_{n\to\infty}\frac{\log|\lambda_{n+1}|}{\log|\lambda_n|\log\log|\lambda_n|}>c>0$$

则F'在$C\backslash\{\lambda_n\}$中取任意非零有限复数$\omega\in C$无穷次.

1990年,詹小平考虑了一类亚纯函数,得到了如下定理:

定理3[5]　设f为超越亚纯函数,$\delta(\infty,f)>\frac{1}{2}$,设$\mathfrak{F}=\{\lambda_n\}$是一个复序列,满足$\left|\frac{\lambda_{n+1}}{\lambda_n}\right|>q>1$,令$F=f^n$($n\geqslant 2$为自然数),则$F'$在$C\backslash\mathfrak{F}$中取任何非零有限复数$\omega\in C$无穷次.

定理3在一定意义上推广了定理1和定理2,也是从例外集的角度对仪洪勋结论[6]的推广.

2. 整函数微分多项式的例外集

文献[4]的作者们在得到了定理1和定理2后提出了以下两个问题:

(a)集$\mathfrak{F}$能否扩大到含有无穷多个小圆盘,至少对整函数?

(b)相似的结论对 $F=f^nQ[f]$($Q[f]\neq 0$ 是 f 的微分多项式)是否成立?

我们把上述两个问题称为 Anderson-Baker-Clunie 问题,简称为"ABC 问题".

1983 年,J. K. Langley 推广定理 A 和定理 1,对整函数肯定地回答了问题(a). 得到了:

定理 4[7] 设复序列 $\{a_n\}$ 和正序列 $\{\rho_n\}$ 满足

$$\left|\frac{a_{n+1}}{a_n}\right|>q>1$$

$$\log\frac{1}{\rho_n}>\frac{q^{\frac{1}{4}}+1}{q^{\frac{1}{4}}-1}\frac{8}{\log q}(\log|a_n|)^2\quad(n=1,2,\cdots)$$

又设 f 为超越整函数,$F=f^n$($n\geqslant 3$ 为自然数),则对任何 $b\in C,b\neq 0,F'-b$ 在 $\bigcup\limits_{n=1}^{\infty}B(a_n,\rho_n)$ 之外有无穷多个零点,其中 $B(a_n,\rho_n)=\{z\mid |z-a_n|<\rho_n\}$.

1993 年,詹小平证明了以下两个定理:

定理 5[8] 设 f 为超越整函数,$F=f^{n+1}Q[f]$($n\geqslant 2$ 为自然数),$Q[f]$($Q[f]\neq 0$)是 f 的微分多项式,设复序列 $\{\lambda_n\}$ 满足 $\left|\frac{a_{n+1}}{a_n}\right|>q>1$,且存在常数 $\alpha>0$,使正序列 $\{\rho_n\}$ 满足

$$\log\frac{1}{\rho_n}>\frac{q^{\frac{1}{4}}+1}{q^{\frac{1}{4}}-1}\frac{\alpha\gamma_Q+4}{\log q}(\log|a_n|)^2$$

这里 γ_Q 是 $Q[f]$ 的次数,则对任何 $b\in C,b\neq 0,F'-b$ 在 $\bigcup\limits_{n=1}^{\infty}B(a_n,\rho_n)$ 之外有无穷多个零点,其中 $B(a_n,\rho_n)=\{z\mid |z-a_n|<\rho_n\}$.

定理6[8]　设f为超越整函数,$\mathfrak{F}=\{a_n\}$是复序列满足$\left|\frac{a_{n+1}}{a_n}\right|>q>1$,令$F=f^nQ[f]$($n\geqslant 3$为自然数),$Q[f]\neq 0$是$f$的微分多项式,则对任意有理函数$R(z)$($R(z)\neq 0$),$F'-R$在$C\setminus\{\mathfrak{F}\}$中有无穷个零点.

定理5推广了定理4,对问题(b)就整函数给予了肯定回答. 显然定理6推广了定理1.

这里有几个显而易见的问题:

(1)$F'-b=f^nQ_1[f]-b$,其中$Q_1[f]=(n+1)f\cdot Q[f]+f'Q[f]$仍为$f$的微分多项式,故$F'-b$是$f^nQ[f]-b$的特例,能否把定理5推广到微分多项式$f^nQ[f]-b$?

(2)若将定理5中的常数$-b$换为一个微分多项式$P[f]$,情况会是怎样? 需要指出的是定理4的证明中几个关键步骤都用到了$-b$为常数.

(3)从许多关于例外集的文献中得知,例外集所含圆盘的中心a_n所满足的条件是例外集研究的一个重要方面,那么定理5中的条件$\left|\frac{a_{n+1}}{a_n}\right|>q>1$是否还能改进?

从1992年至1995年期间,詹小平得到了以下几个结论,对上述问题做了肯定回答.

定理7[9]　设f为超越整函数,$\psi=f^kQ[f]+P[f]$($n\geqslant 2$为自然数),$Q[f]$($Q[f]\neq 0$),$P[f]$($P[f]\neq 0$)是f的两个微分多项式,且$k\geqslant 2\gamma_P+2$. 又设复序列$\{a_n\}$满足$\left|\frac{a_{n+1}}{a_n}\right|>q>1$,且存在正数$\mu>0$,使得当$n$充分大时,有

$$B(a_n,\mu|a_n|)=\{z||z-a_n|<\mu|a_n|\}$$

不含 $P[f]$ 的零点. 又设正序列 $\{\rho_n\}$ 满足

$$\log\frac{1}{\rho_n}>\left\{\frac{q^{\frac{1}{k}}+1}{q^{\frac{1}{k}}-1}[1.2(k+\gamma_Q)+3.6(\gamma_P+\varepsilon)]+\right.$$

$$\left.11(k+1)\frac{\left(\log\frac{4q^{\frac{1}{k+1}}}{\mu}\right)(\gamma_P+\varepsilon)}{3k-5}\right\}\cdot$$

$$\frac{1}{(k-1-\gamma_P-\varepsilon)\log q}(\log|a_n|)^2$$

其中 ε 是任意小正数. 则 ψ 在 $\bigcup_{n=1}^{\infty}B(a_n,\rho_n)$ 之外有无穷多个零点.

定理 8[10] 设 f 为任一超越整函数, $Q[f]$ ($Q[f]\neq 0$) 为 f 的任一微分多项式, 令 $F=f^kQ[f]$ ($k\geqslant 2$ 为整数), 任意给定 $\varepsilon>0$, 设复序列 $\{a_n\}$ 趋于无穷且满足

$$|a_n-a_m|>\varepsilon|a_n|\quad(m\neq n)$$

那么存在正数 $K=K(\varepsilon,\gamma_Q)>0$, 若正实数序列 $\{\rho_n\}$ 满足

$$\log\frac{1}{\rho_n}>K(\log|a_n|)^2$$

则 F 在 $C\setminus\bigcup_{n=1}^{\infty}B(a_n,\rho_n)$ 内取任意非零复数无穷次.

定理 7 从例外集的角度推广了 W. Doeringer 早先的一个结论, W. Doeringer 的这个结论是:

定理 C[11] 设 f 为超越整函数, $Q[f]$ ($Q[f]\neq 0$), $P[f]$ ($P[f]\neq 0$) 是 f 的两个微分多项式, 若 $k\geqslant 2+\gamma_P$. 则 $\psi=f^kQ[f]+P[f]$ 必有无穷多个零点.

定理8的条件$|a_n-a_m|>\varepsilon|a_n|$要比$\left|\frac{a_{n+1}}{a_n}\right|>q>1$弱得多，这是因为只要取$\varepsilon=\min(q-1,1-q^{-1})$，就有

$$|a_n-a_m|=|a_n|\left|1-\frac{a_m}{a_n}\right|>\varepsilon|a_n|$$

3. 亚纯函数微分多项式的例外集

对整函数及其微分多项式肯定地回答了"ABC问题"，然而，由于极点的存在，使得"ABC问题"对于亚纯函数微分多项式要困难得多，1992年詹小平证明了：

定理9[12]　设f是超越亚纯函数，$Q[f]$是f的任一微分多项式，使$F=f^kQ[f](k\geqslant3)$不为常数. 令

$$M'(\sigma_1)=\{F'|F=f^kQ[f],k\geqslant3,\delta(\infty,f)\geqslant\sigma_1\}$$

其中$\sigma_1>1-\frac{(k-2)(k-1)}{4k(k+\Gamma_Q)}$是一个给定正数，设$q>1$，则存在正常数$K=K(k,q,\sigma_1)$，对任意复序列$\{a_n\}$和正序列$\{\rho_n\}$，只要它们满足$\left|\frac{a_{n+1}}{a_n}\right|>q>1$和$\log\frac{1}{\rho_n}>K(\log|a_n|)^2$，那么任取$F'\in M'(\sigma_1)$都有：或者$F'$在$C\setminus\bigcup_{n=1}^{\infty}B(a_n,\rho_n)$内有无穷多个零点，或者$F'$在$C\setminus\bigcup_{n=1}^{\infty}B(a_n,\rho_n)$内取每个非零有限复数无穷次.

2001年詹小平、蔡海涛证明了：

定理10[13]　设f是超越亚纯函数，满足$\delta(\infty,f)>\frac{3}{4}$，$Q[f](Q[f]\neq0)$是$f$的微分多项式，又存在常数

$\mu>0$和 $q>1$ 使复序列$\{a_n\}$和正序列$\{\rho_n\}$，当 n 充分大以后满足

$$\left|\frac{a_{n+1}}{a_n}\right|>q>1$$

$$\{z\mid |z-a_n|<\mu|a_n|\}\cap\{z\mid f(z)=\infty \text{ 或 } Q[f(z)]=\infty\}=\varnothing$$

$$\log\frac{1}{\rho_n}>\left\{\frac{q^{\frac{1}{k}}+1}{q^{\frac{1}{k}}-1}+\frac{\log\frac{4q^{\frac{3}{8}}}{\mu}}{\log q^{\frac{1}{4}}}\right\}\frac{24(k+\Gamma_Q)+\varepsilon}{(8k-15-4\Gamma_Q-\varepsilon)\log q}(\log|a_n|)^2$$

其中ε为任意小正数. 令 $F=f^kQ[f]$，只要$k\geqslant\frac{5}{8}+\frac{1}{2}\cdot\Gamma_Q$，则 F 在$\bigcup\limits_{n=1}^{\infty}B(a_n,\rho_n)$之外取任意非零有限复数无穷次.

2003 年詹小平、蔡海涛证明了：

定理 11[14] 设f是超越亚纯函数，$Q[f]$（$Q[f]\neq 0$），$P[f]$（$P[f]\neq 0$）是f的两个微分多项式. 令 $\psi=f^kQ[f]+P[f]$，k 为自然数，$k\geqslant 3\Gamma_P+2$，且f满足

$$\delta(\infty,f)>\frac{k+2\Gamma_Q+3\Gamma_P+2}{2k+2\Gamma_Q+1}$$

又设存在常数$\mu>0$ 和 $q>1$ 使复序列$\{a_n\}$和正序列$\{\rho_n\}$，当 n 充分大以后满足

$$\left|\frac{a_{n+1}}{a_n}\right|>q>1$$

$\{z\mid |z-a_n|<\mu|a_n|\}\cap\{z\mid f(z)=\infty$ 或 $Q[f(z)]=\infty$ 或 $P[f(z)]=\infty\}=\varnothing$

$$\{z\mid |z-a_n|<3(4\mathrm{e}+1)\rho_n\}\cap\{z\mid P[f(z)]=0\}=\varnothing$$

$$\log\frac{1}{\rho_n}>\left\{\frac{q^{\frac{1}{k}}+1}{q^{\frac{1}{k}}-1}+\frac{\log\frac{4q^{\frac{3}{8}}}{\mu}}{\log q^{\frac{1}{4}}}\right\}\cdot$$

$$\frac{2(2+4\varepsilon)(k+\Gamma_Q+\Gamma_P)}{(k-1-\Gamma_P+\beta-\varepsilon)(1-d)\log q}(\log|a_n|)^2$$

其中 $\varepsilon(\varepsilon>0)$ 任意小. β 满足

$$\delta(\infty,f)>\beta>\frac{k+2\Gamma_Q+2}{2k+2\Gamma_Q+1}$$

而

$$d=\frac{5}{4}\frac{[(k+\Gamma_Q)(1-\beta)+\Gamma_P][1+\log(\log\frac{q^{\frac{3}{8}}}{\alpha})^{-1}]}{k-2-\Gamma_Q+\beta-\varepsilon}$$

其中 $\alpha(\alpha>1)$ 是取定的很接近 1 的常数，则微分多项式 $\psi=f^kQ[f]+P[f]$ 在 $C\setminus\bigcup\limits_{n=1}^{\infty}B(a_n,\rho_n)$ 内有无穷多个零点.

关于整函数的结论均为定理 11 的特殊情形. 应当注意的是，在定理 11 中，为了排除极点的影响，要求当 n 充分大时，在圆盘 $\{z||z-a_n|<\mu|a_n|\}$ 内均没有 ψ 的极点，而且圆盘 $\{z||z-a_n|<\mu|a_n|\}$ 的半径随 n 趋于无穷. 2009 年，谭卫平、詹小平弱化此约束条件，证明了：

定理 12[15]　设 f 是超越亚纯函数，满足 $\delta(\infty,f)\geqslant 1-\alpha>0$，$Q[f](Q[f]\not\equiv 0)$，$P[f](P[f]\not\equiv 0)$ 是 f 的微分多项式，权分别为 Γ_Q,Γ_P，又设

$$\psi=f^kQ[f]+P[f]$$

$$k>\frac{1+\Gamma_P+\gamma_P+\alpha(1+\Gamma_Q+\Gamma_P-\gamma_P)}{1-\alpha}$$

又存在常数 $q>1$，使复序列 (a_n) 和正序列 (ρ_n)，当 n 充分大时满足

$$\left|\frac{a_{n+1}}{a_n}\right| > q > 1$$

$$\log \frac{1}{\rho_n} > \left\{\frac{q^{\frac{1}{4}}+1}{q^{\frac{1}{4}}-1} + \frac{2\log\left[\frac{2q}{(q-1)}\right]}{\log\left[\frac{q^2}{(2q-1)}\right]}\right\} \cdot \frac{(2+2\varepsilon)(k+\Gamma_Q+\Gamma_P)}{(k-1-\gamma_P-(\alpha+\varepsilon)(\Gamma_P-\gamma_P+1))(1-d)^2\log q} \cdot (\log|a_M|)^2$$

$$\{z|f(z)=\infty \text{或} Q[f(z)]=\infty \text{或} P[f(z)]=\infty\} \cap \{z||z-a_n|<2\rho_n\} = \varnothing$$

$$\{z|P[f(z)]=0\} \cap \{z||z-a_n|<2P_n\} = \varnothing$$

其中

$$d = \sqrt{\frac{(\alpha+\varepsilon)(k+\Gamma_Q)+\Gamma_P}{k-1-\gamma_P-(\alpha+\varepsilon)(\Gamma_P-\gamma_P+1)}}$$

ε 是使 $d<1$ 的任意小正数. 则 ψ 在 $\bigcup_{n=1}^{\infty} B(a_n,\rho_n)$ 之外有无穷多个零点.

定理 12 说明只要 $\delta(\infty,f)>0$,那么满足条件的圆盘列总是存在的. 结论比定理 11 更深刻. 若亏量 $\delta(\infty,f)$ 的值越小,则整数 k 的下界值越大,圆盘 $B(a_n,\rho_n)$ 的半径将越小.

4. 结束语

综上所述,整函数与亚纯函数及其微分多项式的例外集理论极大地丰富了值分布理论,从例外集的角度研究亚纯函数及其微分多项式的值分布具有重要的理论意义,对于整函数微分多项式,“ABC 问题”得到了比较好的回答,要求在含有例外集的无穷圆盘列内没有 $f^kQ[f]+P[f]$ 的极点,这样一个约束条件目前

尚无法移去. 我们认为,对于亚纯函数微分多项式"ABC 问题"仍有许多工作要做,去掉或弱化对$f^k \cdot Q[f]+P[f]$的极点分布的约束将是亚纯函数例外集理论下一步的研究课题,也就是当无穷圆盘列(例外集)内含有微分多项式$f^kQ[f]+P[f]$的极点时,是否有与定理 11 或定理 12 类似的结论.

参考文献

[1] NEVANLINNA R. Zur theorie der meromorphen funktionen[J]. Acta Math., 1925(46):1-99.

[2] LEHTO O. A generalization of Picard's theorem[J]. Ark Math., 1958,3(6):495-500.

[3] HAYMAN W K. Picard values of meromorphic functions and their derivatives [J]. Ann of Math., 1959,70(1):9- 42.

[4] ANDERSON J M, BAKER I N, CLUNIE I G. The distribution of values of certain entire and meromorphic functions[J]. Math. Z., 1981,178(4):509-525.

[5] ZHAN X P. The value distribution of derivative of one kind of meromorphic functions[J]. Acta Sci. Nat. Univ. Norm. Hunan(in Chinese), 1990, 4:289-294.

[6] YI H X. On the value distribution of ff'[J]. Chinese Science Bulletin(in Chinese), 1989, 10:727-730.

[7] LANGLEY J K. Analogues of Picard set for entire function and their derivatives[J]. Contemporary Math., 1983, 25:75-86.

[8] ZHAN X P. Picard set of differential polynomials[J]. Acta Mathematica Sinica (in Chinese), 1993, 36: 740-751.

[9] ZHAN X P. Exeptional sets for differential polynomials $f^kQ[f]+P[F]$[J]. Science in China (in Chinese), 1993, 12A: 1233-1244.

[10] ZHAN X P. Exceptional sets for differential polynomials[J]. Acta Mathematica Sinica (in Chinese), 1995, 38(3): 386-394.

[11] DOERINGER W. Exceptional values of differential polynomials[J]. Pacific J. Math., 1982, 98(1): 55- 62.

[12] ZHAN X P. Exception set for meromorphic functions and their derivavtives[J]. Advances in Mathematics (in Chinese), 1992, 21(2): 232-242.

[13] ZHAN X P, CAI H T. Exceptional sets for meromorphic function[J]. Acta Mathematica Sinica (in Chinese), 2001, 44: 657- 666.

[14] ZHAN X P, CAI H T. The distribution of zeros for differential polynomials $f^kQ[f]+P[f]$[J]. Acta Mathematica Sinica (in Chinese), 2010, 46(2): 237-244.

[15] TAN W P, ZHAN X P. The distribution of zeros for differential polynomials $f^kQ[f]+P[f]$ in function $f(z)$ [J]. Mathematics in Practice and Theory (in Chinese), 2009, 39: 149-157.

§2 例外配合

1931 年我国老一辈数学家范会国先生发表了一次演讲,与零点问题相关,后经沈燮昌、刘书琴先生记录,整理发表在《数学季刊》(1932,1(4):56-59)上.

原文如下:

1. 定义

设$f(x)$为复变数 z 的函数,此函数在定义域(domain)中是一全纯函数,若$f(z)$在定义域中有一例外值(exceptional value)a,则$f(z)-a$ 或 $F(z)\equiv\lambda_0+\lambda\cdot f(z)$ $(\lambda_0=-a\lambda)$,在定义域中没有零点. 在这样情形下,我们称$f(z)$在定义域中有一例外配合.

这是一个函数的例外配合,我们再看 v 个函数的例外配合.

设有 v 个函数$f_1(z)$,$f_2(z)$,$\cdots$,$f_v(z)$,各函数在定义域中都为全纯函数. 试做其系数为常数的一次配合(linear combination)

$$F(z)\equiv\lambda_0+\lambda_1f_1+\lambda_2f_2+\cdots+\lambda_vf_v$$

若 $F(z)$在定义域中没有零点,则我们称f_1,f_2,$\cdots$,f_v 在定义域内取一例外配合 $F(z)$.

试设$f_1,f_2,\cdots,f_v$有v个例外配合，即

$$F_i(z)\equiv\lambda_0^{(i)}+\lambda_1^{(i)}f_1+\lambda_2^{(i)}f_2+\cdots+\lambda_v^{(i)}f_v\quad(i=1,2,\cdots,v)$$

若在此v个例外配合中其系数的行列式

$$\delta=\begin{vmatrix}\lambda_1^{(1)} & \lambda_2^{(1)} & \cdots & \lambda_v^{(1)}\\ \lambda_1^{(2)} & \lambda_2^{(2)} & \cdots & \lambda_v^{(2)}\\ \vdots & \vdots & & \vdots\\ \lambda_1^{(v)} & \lambda_2^{(v)} & \cdots & \lambda_v^{(v)}\end{vmatrix}$$

异于零，则此v个例外配合称为互别的.

再将此定义推广.

设有$v+1$配合

$$F_i\equiv\lambda_0^{(i)}+\lambda_1^{(i)}f_1+\cdots+\lambda_v^{(i)}f_v\quad(i=1,2,\cdots,v+1)$$

若在各关系中$f_1,f_2,\cdots,f_v$的系数及$\lambda_0^{(i)}$的行列式

$$\Delta=\begin{vmatrix}\lambda_0^{(1)} & \lambda_1^{(1)} & \cdots & \lambda_v^{(1)}\\ \lambda_0^{(2)} & \lambda_1^{(2)} & \cdots & \lambda_v^{(2)}\\ \vdots & \vdots & & \vdots\\ \lambda_0^{(v+1)} & \lambda_1^{(v+1)} & \cdots & \lambda_v^{(v+1)}\end{vmatrix}$$

异于零，则此$v+1$个例外配合为互别的.

2. 整函数——例外配合的最多数

设我们所取的定义域系含有全平面，则$f_1,f_2,\cdots,f_v$变为整函数，因此各函数的一次配合

$$F(z)\equiv\lambda_0+\lambda_1f_1+\cdots+\lambda_vf_v$$

也为整函数.

若有一配合$F(z)$在全平面中没有零点，则此配合为一例外配合，若有一配合$F(z)$在定义域内含有有限数的零点，则$F(z)$在含有各零点的域外为例外配合.

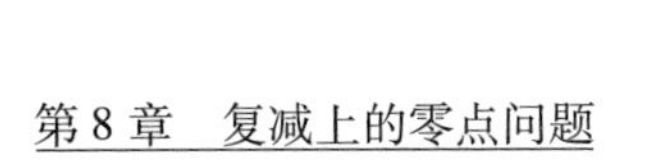

后面的配合为一多项式 $P(z)$ 或一多项式 $P(z)$ 与 $e^{Q(z)}$ 的乘积，$Q(z)$ 为整函数并且特别的可为多项式. 配合 $P(z)$ 我们称之为第一类，配合 $P(z)e^{Q(z)}$ 我们称之为第二类，所以分别研究.

为了知道第一类的互别的例外配合的最多数目，我们证明以下的定理.

定理 1　若有 v 个整函数 $f_1,f_2,\cdots,f_v$，并设其非为多项式，则此组整函数的第一类互别的例外配合至多不超过 $v-1$ 个.

设有 v 个互别的例外配合，属于第一类，则有

$$A_1P_1e^{Q_1}+A_2P_2e^{Q_2}+\cdots+A_{v+1}P_{v+1}e^{Q_{v+1}}\equiv 0$$

其中 A_{v+1} 等于 $\pm\delta$ 而异于零. 若其中没有一差数 Q_i-Q_j 变为常数，即若没有两例外配合其商数为有理分数，则由于 E. Borel（波莱尔）的定理，此恒等式为不可能.

3. 函数组之级

试用函数 $g_1,g_2,\cdots,g_v$ 代替函数 $f_1,f_2,\cdots,f_v$.

$$g_i=\alpha_0^{(i)}+\alpha_1^{(i)}f_1+\cdots+\alpha_v^{(i)}f_v\quad (i=1,2,\cdots,v)$$

其中各系数 $\alpha_0^{(i)},\alpha_1^{(i)},\cdots,\alpha_v^{(i)}$ 都为常数，并且行列式

$$D=\begin{vmatrix}\alpha_1^{(1)} & \alpha_2^{(1)} & \cdots & \alpha_v^{(1)}\\ \alpha_1^{(2)} & \alpha_2^{(2)} & \cdots & \alpha_v^{(2)}\\ \vdots & \vdots & & \vdots\\ \alpha_1^{(v)} & \alpha_2^{(v)} & \cdots & \alpha_v^{(v)}\end{vmatrix}$$

异于零. 在此情形中，我们称 (f) 及 (g) 为同级的，(f) 系代表 $f_1,f_2,\cdots,f_v$；(g) 系代表 $g_1,g_2,\cdots,g_v$. 因 $D\neq 0$，故上组方程式可就用 (f) 解；若将所得的值代入关于

(f)的例外配合

$$F(z)\equiv\lambda_0+\lambda_1 f_1+\lambda_2 f_2+\cdots+\lambda_v f_v$$

中,则得关于(g)的例外配合为

$$G(z)\equiv u_0+u_1 g_1+\cdots+u_v g_v$$

因 $F(z)$ 为例外配合而 $F(z)\equiv G(z)$,故 $G(z)$ 也为一例外配合. 由此得下面定理.

定理 2 若两组函数为同级的,则此二组函数互别的例外配合的总数也相同.

特别地,设 v 函数 $f_1,f_2,\cdots,f_v$ 有 v 个互别的例外配合 $F_1,F_2,\cdots,F_v$,则此 v 个函数 $F_1,F_2,\cdots,F_v$ 与函数 $f_1,f_2,\cdots,f_v$ 为同级的,并在所取的定义域中(F)没有零点.

§3 微分多项式的零点及其相关的正规定则

西南科技大学理学院的卢谦教授和西南科技大学材料科学与工程学院的廖其龙教授得到对于平面区域 D 上的亚纯函数族 $\mathfrak{F}$,$\mathfrak{F}$ 中的每个函数的极点重数至少为 k,零点重数至少为 s. 设 a,b 为两个有限复数 $a\neq0$. 若对于 F 中的每对函数 $f(z),g(z)\in F$,$f^{(k)}-af^3$和 $g^{(k)}-ag^3$ 分担 b,则 F 在区域 D 内正规,其中 k 是正整数,$k\geqslant2$. 当 $k=2$,有 $s=3$;当 $k\geqslant3$ 时,有 $s=k$.

1. 引言和结果

设$f(z)$为复平面上的超越亚纯函数,$\phi=f'-af^n$为

关于$f(z)$的微分多项式. 在 1959 年, Hayman[1] 证明了当 $n\geqslant 5$ 时 ϕ 取任意有限值无穷多次,并提出相应的正规定则如下:

对于亚纯函数族 $\mathfrak{F}$,若$f(z)\in\mathfrak{F}$,$f'-af^{n}\neq b$,则 $\mathfrak{F}$ 正规,其中 a 和 b 为两个复数,$a,b\in\mathbf{C}$,$a\neq 0$,n 为正整数.

Langley[2] 和李先进[3] 分别证明上述猜想在 $n\geqslant 5$ 时成立,庞学诚[4] 讨论 $n=4$ 的情形,后来陈怀惠和方明亮[5] 证实上述猜想对于 $n=3$ 时仍然有效. 这些结果可以统一成如下结论.

定理 A　设 $\mathfrak{F}$ 为平面区域 D 上的亚纯函数族,a 和 b 是两个复数,$a,b\in\mathbf{C}$,$a\neq 0$,n 为正整数,$n\geqslant 3$. 若 $\mathfrak{F}$ 的每个函数 $f(z)$ 满足 $f'-af^{n}\neq b$,则 $\mathfrak{F}$ 在 D 内正规.

对于解析函数,叶亚盛[6] 证明了下述结果:

定理 B　设$f(z)$为整函数,n,k 为正整数,$n\geqslant 2$,$k\geqslant 0$,a 为非零复数. 若 $f^{(k)}+af^{n}\neq 0$,则$f(z)$为常数.

定理 C　设 $\mathfrak{F}$ 为区域 D 上的解析函数族. n,k 为正整数,$n\geqslant 2$,$k\geqslant 0$,a 为非零复数. 若对于 $\mathfrak{F}$ 的每个函数$f(z)$,有 $f^{(k)}-af^{n}\neq b$,则 $\mathfrak{F}$ 在区域 D 内正规.

对于亚纯函数,庞学诚[7] 和 Schwick[8](施维克)在 $n\geqslant k+4$ 时推广了定理,Ye 和 Pang[9] 讨论 $n=k+3$ 的情形得到定理 C 仍然成立.

定理 D　$\mathfrak{F}$ 为区域 D 上的亚纯函数族. n,k 为正整数,a 为非零复数. 若对于 $\mathfrak{F}$ 的每个函数 $f(z)$,有 $f^{(k)}-af^{n}\neq b$,则 $\mathfrak{F}$ 在区域 D 内正规. 若 $n\geqslant k+3$,且

对 $\mathfrak{F}$ 的每个函数$f(z)$，有$f^{(k)}-af^{n}\neq b$，则 $\mathfrak{F}$ 在区域 D 内正规.

对于具有重零点和重极点的亚纯函数$f(z)$，徐焱[10]也考虑上述正规性问题. 另外，陈怀惠和顾永兴[11]证明了对于具有重数至少为 $k+2$ 的极点的亚纯函数$f(z)$，如果$f^{(k)}(z)-af^{3}(z)\neq b$，那么$f(z)$必为常数，而且相应的正规定则也成立. 2007 年，叶亚盛[12]推广这个结果而得到如下结论.

定理 E 设$f(z)$为极点重数至少为 $k+1$ 的亚纯函数，a 为非零复数. 若 $f^{(k)}+af^{3}\neq 0$，则 $f(z)$ 必为常数.

定理 F 设 $\mathfrak{F}$ 为区域 D 上的亚纯函数族，它的每个函数的极点重数至少为 $k+1$. a 和 b 是两个复数，$a\neq 0$. 若对于 $\mathfrak{F}$ 的每个函数$f(z)$，有$f^{(k)}+af^{3}\neq b$，则 $\mathfrak{F}$ 在区域 D 内正规.

同时，Ye[12]又用例子 $f(z)=\sec z$ 说明，如果对$f(z)$没有任何限制，$f^{(k)}+af^{3}$的 Picard 型定理是无效的. 因为$f''-2f^{3}\neq 0$，但$f(z)\neq$常数. 因此，我们提出定理 E 和定理 F 中关于极点的限制是否是最好的问题. 本节考虑当定理 E 和定理 F 中对极点的限制条件被减弱后，定理 E 和定理 F 是否仍然成立.

为便于叙述，我们记

$$\psi(f)=f^{(k)}-af^{3} \tag{1}$$

这样，我们有：

定理 1 设$f(z)$为复平面上的亚纯函数，其极点重数至少为 k，a 为非零复数. 则对于 $k=2$，有

$$T(r,f) < 6\left\{\overline{N}_{2)}\left(r,\frac{1}{f}\right) + \overline{N}\left(r,\frac{1}{\psi}\right)\right\} + S(r,f) \tag{2}$$

对于 $k \geqslant 3$,有

$$T(r,f) \leqslant \frac{k}{k-2}\left\{\overline{N}_{k-1)}\left(r,\frac{1}{f}\right) + \overline{N}\left(r,\frac{1}{\psi}\right)\right\} + S(r,f) \tag{3}$$

有了定理 1,立即有如下推论:

推论 1　设 $f(z)$ 为复平面上的超越亚纯函数,其极点重数至少为 k,零点重数至少为 s. a 为非零复数. 则 $\psi(f)$ 有无穷多个零点. 其中当 $k=2$ 时,$s=3$,当 $k \geqslant 3$ 时,$s=k$.

相应于定理 1 和推论 1 的正规定则如下:

定理 2　设 $\mathfrak{F}$ 为区域 D 上的亚纯函数族,它的每个函数的极点重数至少为 k,零点重数至少为 s. a,b 为两个复数,$a \neq 0$. 若对于 $\mathfrak{F}$ 中的每对函数 $f(z),g(z) \in \mathfrak{F}$,$\psi(f)$ 与 $\psi(g)$ 分担值 b,则 $\mathfrak{F}$ 在 D 内正规. 其中当 $k=2$时,$s=3$,当 $k \geqslant 3$ 时,$s=k$.

2. 定理 1 的证明

为了完成定理 1 的证明,首先给出如下基本引理:

引理 1[13]　设 $f(z)$ 为复平面上的超越亚纯函数,n 为正整数. 若 $f^{n}P[f]=Q[f]$,则 $m(r,P)=S(r,f)$ $(r \to +\infty)$,其中 $P[f]$ 和 $Q[f]$ 是关于 $f(z)$ 的微分多项式,其系数函数满足 $m(r,a)=S(r,f)$,$Q[f]$ 的次数至多为 n,$\deg(Q) \leqslant n$.

定理 1 的证明　记

$$\varphi = \frac{\psi'(f)}{\psi(f)} \tag{4}$$

$$H(z)=3\frac{f'}{f}-\varphi \tag{5}$$

我们有

$$-af^{3}H=\varphi f^{(k)}-f^{(k+1)} \tag{6}$$

根据式(6),f 的 $p(p\geqslant k)$ 重极点必为 H 的 $2p-k-1$ 阶零点,进而可得

$$2N(r,f)\leqslant N\left(r,\frac{1}{H}\right)+(k+1)\overline{N}(r,f) \tag{7}$$

以及

$$N(r,H)\leqslant\overline{N}\left(r,\frac{1}{f}\right)+\overline{N}\left(r,\frac{1}{\psi}\right) \tag{8}$$

再由式(6)和引理 1 可知 $m(r,f)=S(r,f)$. 所以当 $k=2$,由式(8)可得

$$\begin{aligned}N(r,H)&\leqslant\overline{N}_{2)}\left(r,\frac{1}{f}\right)+\overline{N}_{(3}\left(r,\frac{1}{f}\right)+\overline{N}\left(r,\frac{1}{\psi}\right)\\&\leqslant\overline{N}_{2)}\left(r,\frac{1}{f}\right)+\frac{1}{3}T(r,f)+\overline{N}\left(r,\frac{1}{\psi}\right)\end{aligned} \tag{9}$$

结合式(7)和(9),可知式(2)成立.

当 $k\geqslant3$ 时,由式(8)可得

$$\begin{aligned}N(r,H)&\leqslant\overline{N}_{k-1)}\left(r,\frac{1}{f}\right)+\overline{N}_{(k}\left(r,\frac{1}{f}\right)+\overline{N}\left(r,\frac{1}{\psi}\right)\\&\leqslant\overline{N}_{k-1)}\left(r,\frac{1}{f}\right)+\frac{1}{k}T(r,f)+\overline{N}\left(r,\frac{1}{\psi}\right)\end{aligned} \tag{10}$$

结合式(7)和(10)可知下面不等式成立

$$T(r,f)\leqslant\frac{k}{k-2}\overline{N}_{k-1)}\left(r,\frac{1}{f}\right)+\overline{N}\left(r,\frac{1}{\psi}\right)+S(r,f)$$

从而不等式(3)成立.

3. 定理 3 的主要引理

引理 2[13]　设 $\mathfrak{F}$ 为单位圆盘 Δ 上的亚纯函数族，$\mathfrak{F}$ 中的每个函数的所有零点重数至少为 $\mathfrak{p}$，所有极点重数至少为 $\mathfrak{q}$，α 为实数，$-p<\alpha<q$. 则 $\mathfrak{F}$ 在 $z_0\in\Delta$ 处不正规的充要条件为存在：

(1) 点列 $z_n\in\Delta, z_n\to z_0$；

(2) 函数序列 $f_n\in\mathfrak{F}$；

(3) 正数列 $\rho_n\to 0$.

使得 $\rho_n^{\alpha}f_n(z_n+\rho_n\xi)=g_n(\xi)$ 在 $\mathbf{C}$ 中的每个紧子集上按球面距离一致收敛于 $g(\xi)$，其中 $g(\xi)$ 为非常数的亚纯函数，它的每个零点的重数至少为 p，极点重数至少为 q. 更进一步地，$g(\xi)$ 的级不超过 2.

对于 $k\geqslant 3$，应用数学归纳法可以证明

$$\left(\frac{1}{f}\right)^{(k)}=(-1)^k k!\frac{(f')^k}{f^{k+1}}+\sum_{r=3}^{k}C_r\frac{H_{r-1}(f'f'',\cdots f^{(k-1)})}{f^r}-\frac{f^{(k)}}{f^2}\quad(11)$$

其中 $C_r(r=3,4,\cdots,k-1)$ 为仅仅依赖于 k,r 的常数，而且

$$H_r(f',f'',\cdots,f^{(k-1)})=\sum_j a_{rj}(f')^{w_{rj1}}(f'')^{w_{rj2}}\cdots(f^{(k-1)})^{w_{rj,k-1}}$$

为关于 f 的次数为 r 的齐次微分多项式

$$w_{rj1}+w_{rj2}+\cdots+w_{rj,k-1}=r$$
$$w_{rj1}+2w_{rj2}+\cdots+(k-1)w_{rj,k-1}=k$$

引理 3　设 $\varphi(z)$ 为非常数的多项式，其零点重数至少为 k，$k\geqslant 3$，则 $\varphi^{k+1}\left(\frac{1}{\varphi}\right)^{(k)}+\varphi^{k-2}$ 至少有两个零点.

证明 假设结论不成立，即 $\varphi^{k+1}\left(\frac{1}{\varphi}\right)^{(k)}+\varphi^{k-2}$ 至多有一个零点.

首先，不难得到 $\varphi^{k+1}\left(\frac{1}{\varphi}\right)^{(k)}+\varphi^{k-2}\not\equiv 0$. 其次，根据式(11)可知 $\varphi^{k+1}\left(\frac{1}{\varphi}\right)^{(k)}+\varphi^{k-2}$ 为多项式. 因此，要么存在非零常数 $A_0\neq 0$ 使得

$$\varphi^{k+1}\left(\frac{1}{\varphi}\right)^{(k)}+\varphi^{k-2}\equiv A_0\neq 0 \tag{12}$$

要么存在点 $z=z_0$ 满足

$$\varphi^{k+1}\left(\frac{1}{\varphi}\right)^{(k)}+\varphi^{k-2}\equiv A_0(z-z_0)^N \tag{13}$$

其中 $N=\max\left(\deg\left(\varphi^{k+1}\left(\frac{1}{\varphi}\right)^{(k)}\right),\deg(\varphi^{k-2})\right)=mk-k$，$m$ 为 φ 的次数，$m\geqslant k$.

若式(12)成立，则 $\varphi(z)$ 为常数. 否则，设 $\varphi(z)$ 有零点 $z=z'$，它的重数至少为 k. 由式(11)可得

$$\varphi^{k+1}\left(\frac{1}{\varphi}\right)^{(k)}\Bigg|_{z=z'}=0$$

从而由式(12)可导出矛盾 $A_0=0$.

若式(13)成立，则 $\varphi(z)$ 是常数. 否则，$\varphi(z)$ 有重数至少为 k 的零点 $z=z'$. 根据式(11)可知必有$z'=z_0$，因而 $\varphi=A(z-z_0)^m$. 将 $\varphi=A(z-z_0)^m$ 代入式(13)可得 $A_0=0$，推出矛盾.

引理 4 设 $\varphi(z)$ 为非多项式的有理函数，若 $\varphi(z)$ 的所有零点和极点重数至少为 $k(k\geqslant 3)$，则 $\varphi^{k+1}\left(\frac{1}{\varphi}\right)^{(k)}+$

φ^{k-2}至少有两个零点.

证明 记

$$\varphi(z)=\frac{Q_m(z)}{P_n(z)}$$

其中$P_n(z)$和$Q_m(z)$为两个互素的多项式,次数分别为n和m,且$(P_n,Q_m)=1$. 设

$$P_n(z)=(z-\xi_1)^{n_1}\cdots(z-\xi_s)^{n_s}$$

$$(n_i\geqslant k,i=1,2,\cdots,s,\sum_{i=1}^{s}n_i=n)$$

$$Q_m(z)=(z-z_1)^{m_1}\cdots(z-z_t)^{m_t}$$

$$(m_j\geqslant k,j=1,2,\cdots,t,\sum_{j=1}^{t}m_j=m)$$

假设$\varphi^{k+1}\left(\frac{1}{\varphi}\right)^{(k)}+\varphi^{k-2}$至多只有一个零点,则$\varphi^{k+1}\left(\frac{1}{\varphi}\right)^{(k)}+\varphi^{k-2}$要么没有零点,要么只有一个零点$z=z_0$. 我们记

$$\tau_1=\deg\left\{Q_m^{k+1}\left(\frac{P_n}{Q_m}\right)^{(k)}\right\}\leqslant mk+n-k$$

$$\tau_2=\deg\{Q_m^{k-2}P_n^3\}=m(k-2)+3n$$

$$N=\max(\tau_1,\tau_2)$$

根据式(11)有

$$\left(\frac{1}{Q_m}\right)^{(r)}=(-1)^r r!\frac{(Q'_m)^r}{Q_m^{r+1}}+\sum_{t=3}^{r-1}C_t\frac{H_{t-1}(Q'_m,Q''_m,\cdots,Q_m^{(r-1)})}{Q_m^t}-\frac{Q_m^{(r)}}{Q_m^2}\tag{14}$$

其中 $C_t(t=3,4,\cdots,r-1)$ 为仅仅依赖于 t,r 的常数，而且

$$H_t(Q'_m,Q''_m,\cdots,Q_m^{(r-1)}) = \sum_j a_{tj}(Q'_m)^{w_{tj1}}(Q''_m)^{w_{tj2}}\cdots(Q_m^{(r-1)})^{w_{tj,r-1}}$$

为关于 Q_m 的次数为 t 的齐次微分多项式

$$w_{tj1}+w_{tj2}+\cdots+w_{tj,r-1}=t$$

$$w_{tj1}+2w_{tj2}+\cdots+(r-1)w_{tj,r-1}=r$$

因此，有

$$Q_m^{k+1}\left(\frac{P_n}{Q_m}\right)^{(k)} = \sum_{r=0}^{k}\binom{r}{k}Q_m^{k-r}\left[Q_m^{r+1}\left(\frac{1}{Q_m}\right)^{(r)}\right]P_n^{(k-r)} \tag{15}$$

从而

$$Q_m^{k+1}\left(\frac{P_n}{Q_m}\right)^{(k)} = (z-z_1)^{(m_1-1)k}\cdots(z-z_t)^{(m_t-1)k}\cdot G(z)\cdot R_0(z) \tag{16}$$

其中 $G(z)=(z-\xi_1)^{n_1-k}\cdots(z-\xi_s)^{n_s-k}$，$G(z)$ 的次数为 τ_0，$\tau_0=n-ks$，且 $R_0(z)$ 为与 $z-z_i$ 和 $z-\xi_j$ 互素的多项式，即 $(R_0(z),z-z_i)=1$，$(R_0(z),z-\xi_j)=1$. 因此可得

$$Q_m^{k+1}\left(\frac{P_n}{Q_m}\right)^{(k)}\Bigg|_{z=z_i}=0 \quad (i=1,2,\cdots,t) \tag{17}$$

$$\frac{Q_m^{k+1}\left(\frac{P_n}{Q_m}\right)^{(k)}+Q_m^{k-2}P_n^3}{P_n^{k+1}} \equiv \frac{Q_m^{k-2}G(z)R_1(z)}{P_n^{k+1}} \tag{18}$$

这里 $R_1(z)$ 为一多项式. 假设 $\varphi^{k+1}\left(\frac{1}{\varphi}\right)^{(k)}+\varphi^{k-2}$ 没有零点，则存在非零常数 A_0 使得

$$\frac{Q_m^{k+1}\left(\dfrac{P_n}{Q_m}\right)^{(k)}+Q_m^{k-2}P_n^3}{P_n^{k+1}}\equiv\frac{A_0G(z)}{P_n^{k+1}}\tag{19}$$

由式(17)可知 $A_0=0$,矛盾.

假设 $\varphi^{k+1}\left(\dfrac{1}{\varphi}\right)^{(k)}+\varphi^{k-2}$ 仅有唯一零点 $z=z_0$,则

$$\frac{Q_m^{k+1}\left(\dfrac{P_n}{Q_m}\right)^{(k)}+Q_m^{k-2}P_n^3}{P_n^{k+1}}\equiv\frac{A_1(z-z_0)^{N-\tau_0}G(z)}{P_n^{k+1}}\quad(A_1\in\mathbf{C}\backslash\{0\})$$

即有

$$Q_m^{k+1}\left(\frac{P_n}{Q_m}\right)^{(k)}+Q_m^{k-2}P_n^3\equiv A_1(z-z_0)^{N-\tau_0}G(z)\tag{20}$$

由式(17)和(20)可推出 $Q_m=(z-z_0)^m$ 以及

$$\left(\frac{P_n}{Q_m}\right)^{(k)}+\left(\frac{P_n}{Q_m}\right)^3\equiv A_1(z-z_0)^{N-m(k+1)-\tau_0}G(z)\tag{21}$$

下面分三种情况继续讨论.

情形 1　$\tau_1<\tau_2$.

此时有 $N-m(k+1)=3(n-m)$,从而

$$\left(\frac{P_n}{Q_m}\right)^{(k)}+\left(\frac{P_n}{Q_m}\right)^3\equiv\frac{A_1G(z)}{(z-z_0)^{3(m-n)+\tau_0}}\tag{22}$$

设

$$P_n(z)=C_0+C_1(z-z_0)^1+\cdots+C_n(z-z_0)^n$$
$$C_0\neq0,C_n\neq0\tag{23}$$

$$G(z)=g_0+g_1(z-z_0)^1+\cdots+g_{\tau_0}(z-z_0)^{\tau_0}$$
$$g_0\neq0,g_{\tau_0}\neq0\tag{24}$$

子情形 1.1　$n<m$.

由式(23)和(24)可得

$$\frac{P_n}{Q_m}=\frac{C_0}{(z-z_0)^m}+\frac{C_1}{(z-z_0)^{m-1}}+\cdots+\frac{C_n}{(z-z_0)^{m-n}} \quad (25)$$

从而

$$\left(\frac{P_n}{Q_m}\right)^{(k)}=\frac{C_0'}{(z-z_0)^{m+k}}+\frac{C_1'}{(z-z_0)^{m-1+k}}+\cdots+\frac{C_n'}{(z-z_0)^{m-n+k}} \quad (26)$$

$$\left(\frac{P_n}{Q_m}\right)^3=\frac{C_0^3}{(z-z_0)^{3m}}+\frac{3C_0^2C_1}{(z-z_0)^{3m-1}}+\cdots+\frac{C_n^3}{(z-z_0)^{3(m-n)}} \quad (27)$$

将式(24)(25)(26)和(27)代入式(22),并注意到 $m-n+k<m+k<3m$, $3(m-n)<3m$ 和 $3(m-n)+\tau_0<3m$,必有 $C_0=0$. 因此 $P_n(z)$ 与 $Q_m(z)$ 不为互素的,矛盾.

子情形 1.2　$n=m$.

我们有

$$\frac{P_n}{Q_m}=B_0+\frac{P_r}{Q_m}$$
$$=B_0+\frac{C_0}{(z-z_0)^m}+\frac{C_1}{(z-z_0)^{m-1}}+\cdots+\frac{C_r}{(z-z_0)^{m-r}} \quad (28)$$

其中 $C_0\neq0$, $C_r\neq0$, $m>r$, $P_r\not\equiv0$.

类似子情形 1.1 可得

$$\left(\frac{P_n}{Q_m}\right)^{(k)}=\frac{C_0'}{(z-z_0)^{m+k}}+\frac{C_1'}{(z-z_0)^{m-1+k}}+\cdots+\frac{C_r'}{(z-z_0)^{m-r+k}} \quad (29)$$

$$\left(\frac{P_n}{Q_m}\right)^3=B_0^3+\frac{C_0^3}{(z-z_0)^{3m}}+\cdots+\frac{C_r^3}{(z-z_0)^{3(m-r)}} \quad (30)$$

结合式(22)(24)(29)和(30),同样可得 $C_0=0$,矛盾.

子情形 1.3　$n>m$.

此时,式(22)相应为

$$\left(\frac{P_n}{Q_m}\right)^{(k)}+\left(\frac{P_n}{Q_m}\right)^3\equiv A_1(z-z_0)^{3(n-m)-\tau_0}G(z) \quad (31)$$

同时由

$$\frac{P_n}{Q_m}=P_{n-m}(z)+\frac{P_r}{Q_m}$$

$$=P_{n-m}(z)+\frac{C_0}{(z-z_0)^m}+\frac{C_1}{(z-z_0)^{m-1}}+\cdots+\frac{C_r}{(z-z_0)^{m-r}} \quad (0\leqslant r<m) \quad (32)$$

可得

$$\left(\frac{P_n}{Q_m}\right)^{(k)}=P_{n-m}^{(k)}+\frac{C_0'}{(z-z_0)^{m+k}}+\frac{C_1'}{(z-z_0)^{m-1+k}}+\cdots+\frac{C_r'}{(z-z_0)^{m-r+k}} \quad (33)$$

$$\left(\frac{P_n}{Q_m}\right)^3=P_{n-m}^3+\frac{C_0^3}{(z-z_0)^{3m}}+\cdots+\frac{C_r^3}{(z-z_0)^{3(m-r)}} \quad (34)$$

若 $3(n-m)\geqslant\tau_0$,则 $(z-z_0)^{3(n-m)-\tau_0}G(z)$ 为多项式. 因此有 $C_0=0$,矛盾.

若 $3(n-m)<\tau_0$,则 $\tau_0-3(n-m)=3m-ks-2n<3m$. 结合式(31)(32)(33)和(34),也可推出 $C_0=0$,矛盾.

情形 2　$\tau_1=\tau_2$.

即有 $2(n-m)+k\leqslant0$,从而有 $n<m$,$N-m(k+1)=3(n-m)$. 由式(21)可得

$$\left(\frac{P_n}{Q_m}\right)^{(k)}+\left(\frac{P_n}{Q_m}\right)^3\equiv\frac{A_1G(z)}{(z-z_0)^{3(m-n)+\tau_0}} \tag{35}$$

根据 $3(m-n)+\tau_0<3m$，类似子情形 1.1 同样可导出矛盾.

情形 3 $\tau_1>\tau_2$.

即有 $2(m-n)-k>0$. 从而有 $n<m$ 和 $N-m(k+1)\leqslant n-m-k<0$. 相应于式(21)有

$$\left(\frac{P_n}{Q_m}\right)^{(k)}+\left(\frac{P_n}{Q_m}\right)^3\equiv\frac{A_1G(z)}{(z-z_0)^{m(k+1)-N+\tau_0}} \tag{36}$$

类似子情形 1.1，将式(26)和(27)代入式(36)，根据 $m-n+k<m+k<3m$，$3(m-n)<3m$ 和 $m(k+1)-N+\tau_0<3m$ 可得 $C_0=0$，矛盾.

总之，引理 4 的结论成立.

引理 5 (1)设 $\varphi(z)$ 为非常数的多项式，其零点重数至少为 2，则 $\varphi^3\left(\frac{1}{\varphi}\right)''+1$ 至少有两个零点.

(2)设 $\varphi(z)$ 为非多项式的有理函数，其零点重数至少为 2，极点重数至少为 3，则 $\varphi^3\left(\frac{1}{\varphi}\right)''+1$ 至少有一个零点.

证明 (1)假设结论不成立，即 $\varphi^3\left(\frac{1}{\varphi}\right)''+1$ 或者没有零点，或者只有一个零点 $z=z_0$.

记

$$\varphi(z)=A_0(z-\xi_1)^{n_1}(z-\xi_2)^{n_2}\cdots(z-\xi_t)^{n_t}$$

其中 $n_1+n_2+\cdots+n_t=n\geqslant 2$.

因为 φ 为非常数的多项式，所以由式(21)可知

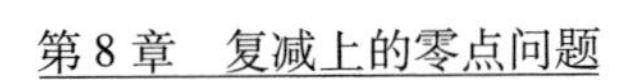

$\varphi^3\left(\frac{1}{\varphi}\right)''$也为多项式. 若$\varphi^3\left(\frac{1}{\varphi}\right)''+1$没有零点,则存在非零常数$C_0$使得

$$\varphi^3\left(\frac{1}{\varphi}\right)''+1\equiv C_0$$

根据

$$\varphi^3\left(\frac{1}{\varphi}\right)''\bigg|_{z=\xi_i}=0\quad(i=1,2,\cdots,t)$$

则有$C_0=1$. 从而$\varphi=\frac{1}{az+b}$,即φ为常数,矛盾.

若$\varphi^3\left(\frac{1}{\varphi}\right)''+1$仅以$z=z_0$为零点,则存在非零常数$C_0$使得

$$\varphi^3\left(\frac{1}{\varphi}\right)''+1\equiv C_0(z-z_0)^{2n-2}\tag{37}$$

因为$\varphi^3\left(\frac{1}{\varphi}\right)''\bigg|_{z=\xi_i}=0(i=1,2,\cdots,t)$以及它的重数为$2(n_i-1)$,所以有

$$\left\{\varphi^3\left(\frac{1}{\varphi}\right)''\right\}'\bigg|_{z=\xi_i}=0\quad(i=1,2,\cdots,t)$$

由式(37)可得

$$\xi_1=\xi_2=\cdots=\xi_t=z_0$$

从而$\varphi=A(z-z_0)^n$,则有$A^2n(n+1)(z-z_0)^{2n-2}+1\equiv C_0(z-z_0)^{2n-2}$,这是不可能的,矛盾.

(2)假设结论不成立,即$\varphi^3\left(\frac{1}{\varphi}\right)''+1$没有零点. 记

$$\varphi(z)=\frac{P_n(z)}{Q_m(z)}=\frac{A(z-\xi_1)^{n_1}(z-\xi_2)^{n_2}\cdots(z-\xi_s)^{n_s}}{(z-z_1)^{m_1}(z-z_2)^{m_2}\cdots(z-z_t)^{m_t}}$$
$$(n_i\geqslant 2,m_j\geqslant 3)$$

其中 $\sum_{i=1}^{s}n_i=n,\sum_{j=1}^{t}m_i=m,(P_n,Q_m)=1$. 从而有

$$\varphi^3\left(\frac{1}{\varphi}\right)''+1=\frac{P_n^3\left(\frac{Q_m}{P_n}\right)''+Q_m^3}{Q_m^3} \qquad (38)$$

因为 $\varphi^3\left(\frac{1}{\varphi}\right)''+1$ 没有零点,所以由式(38)可得

$$\frac{P_n^3\left(\frac{Q_m}{P_n}\right)''+Q_m^3}{Q_m^3}=\frac{C_0}{(z-z_1)^{2m_1+2}(z-z_2)^{2m_2+2}\cdots(z-z_t)^{2m_t+2}}$$

即有

$$P_n^3\left(\frac{Q_m}{P_n}\right)''+Q_m^3=C_0(z-z_1)^{m_1-2}(z-z_2)^{m_2-2}\cdots(z-z_t)^{m_t-2} \qquad (39)$$

因为

$$\deg\left\{P_n^3\left(\frac{Q_m}{P_n}\right)''+Q_m^3\right\}=\begin{cases}3m,m\geqslant n\\2n+m-2,m<n\end{cases}$$

以及

$$\deg\{C_0(z-z_1)^{m_1-2}(z-z_2)^{m_2-2}\cdots(z-z_t)^{m_t-2}\}=m-2t$$

由式(39)可得 $t<0$,矛盾.

4. 定理 3 的证明

假设定理 3 的结论不成立,即存在点 $z_0\in D$ 使得 $\mathfrak{F}$ 在点 z_0 处不正规. 为不失一般性,设 $z_0=0$,根据引理 3,存在点列 $z_n\in D,z_n\to z_0$,函数列 $f_n\in\mathfrak{F}$,和正数列

$\rho_n \to 0$ 使得

$$g_j(\xi)=\rho_j^{\frac{k}{2}} f_j(z_j+\rho_j \xi) \Rightarrow g(\xi) \tag{40}$$

在 **C** 中的每个紧子集上按球面距离一致收敛,其中 $g(\xi)$ 为非常数的级不超过 2 的亚纯函数,它的每个零点的重数至少为 k,极点重数至少为 s.

由式(40)可得

$$\rho_j^{\frac{3k}{2}}\{f_j^{(k)}(z_j+\rho_j\xi)-af_j^3(z_j+\rho_j\xi)-b\}$$

$$=g_j^{(k)}(\xi)-ag_j^3(\xi)-\rho_j^{\frac{3k}{2}}b \Rightarrow g^{(k)}(\xi)-ag^3 \tag{41}$$

采用文献[14]的方法类似推理可知 $g^{(k)}-ag^3$ 仅有唯一零点 $\xi=\xi_0$,因此根据推论 1 可知,$g(\xi)$ 必为非常数的有理函数.

不妨设 $a=-1$,若函数 $g=\dfrac{1}{\varphi}$,则 φ 为非常数的有理函数,它的每个零点的重数至少为 k,极点重数至少为 s. 由于

$$g^{(k)}+g^3=\frac{\varphi^{k+1}\left(\dfrac{1}{\varphi}\right)^{(k)}+\varphi^{k-2}}{\varphi^{k+1}}$$

则有 $\xi=\xi_0$ 或为 φ 的重数为 $k+1$ 的极点,或为 $\varphi^{k+1}\cdot\left(\dfrac{1}{\varphi}\right)^{(k)}+\varphi^{k-2}$的零点.

如果 $\xi=\xi_0$ 为 φ 重数为 $k+1$ 的极点,那么根据 $\dfrac{\varphi^{k+1}\left(\dfrac{1}{\varphi}\right)^{(k)}+\varphi^{k-2}}{\varphi^{k+1}}$ 仅以 $\xi=\xi_0$ 为零点. 这样有 $\varphi^{k+1}\left(\dfrac{1}{\varphi}\right)^{(k)}+\varphi^{k-2}\neq 0$. 当 $k=2$ 时,根据引理 5(2)可

得 $\varphi^{k+1}\left(\frac{1}{\varphi}\right)^{(k)}+\varphi^{k-2}$ 至少有一个零点，矛盾. 当 $k\geqslant 3$ 时，φ 必为非常数的有理函数. 由引理 4 可知 $\varphi^{k+1}\left(\frac{1}{\varphi}\right)^{(k)}+\varphi^{k-2}$ 至少有两个零点. 因此 φ 没有重数至少为 $k+1$ 的极点，且 $\xi=\xi_0$ 为 $\varphi^{k+1}\left(\frac{1}{\varphi}\right)^{(k)}+\varphi^{k-2}$ 的唯一零点. 当 $k=2$ 时，φ 为非常数的多项式. 由引理 5 式(1)以及 $\varphi^3\left(\frac{1}{\varphi}\right)''+1$ 至少有两个零点，矛盾. 当 $k\geqslant 3$ 时，由引理 3 和式(13)可得 $\varphi^{k+1}\left(\frac{1}{\varphi}\right)^{(k)}+\varphi^{k-2}$ 至少有两个零点，这与 $\varphi^{k+1}\left(\frac{1}{\varphi}\right)^{(k)}+\varphi^{k-2}$ 仅有零点 $\xi=\xi_0$ 矛盾.

总之，$\varphi(\xi)$ 必为常数，矛盾. 从而定理 3 的结论成立.

参考文献

[1] HAYMAN W K. Picard values of meromorphic functions and the its derivatives [J]. Ann of Math., 1959, 70: 9-42.

[2] LANGLEY J K. On normal families and a result of Drasin[J]. Proc. Roy. Soc. Edinbugh Sect. A, 1984, 98(3/4): 385-393.

[3] 李先进. Hayman 猜想的证明[J]. 中国科学(A辑), 1985, 28: 596-603.

[4] 庞学诚. 关于亚纯函数的正规定则[J]. 中国科

学(A辑),1990,33:521-527.

[5] 陈怀惠,方明亮.关于$f''f'$的值分布[J].中国科学(A辑),1995,38:789-798.

[6] 叶亚盛.一个新的正规定则及其应用[J].数学年刊(增刊),1991,35:179-191.

[7] 庞学诚.亚纯函数的正规定则[J].中国科学(A辑),1989,32:923-928.

[8] SCHWICK W. Normality criteria for families of meromorphic functions[J]. J. Analyse Math., 1989, 52(1):241-289.

[9] YE Y S, PANG X C. On the zeros of differential polynomial and normal families[J]. J. Math. Anal. Appl., 1997,205(1):32-42.

[10] 徐焱.亚纯函数的正规定则[J].数学杂志,2001,21(4):381-386.

[11] 陈怀惠,顾永兴. Marty定则的改进及其应用[J].中国科学(A辑),1993,36(6):674-681.

[12] 叶亚盛.具有重极点的亚纯函数的正规定则[J].上海理工大学学报,2007,29:265-268.

[13] CLUNIE J. On integral and meromorphic functions[J]. J. London Math. Soc., 1962(37):17-27.

[14] ZHANG Q C. Normal families of meromorphic functions concerning sharing values[J]. J. Math. Anal. Appl., 2008, 338(1):545-551.

初等数学中的若干例子

第9章

§1 一道函数零点问题的求解及探源

2015年第9期《数学通讯》(上半月)发表了一篇题为"一道函数零点问题的求解及探源"的文章.作者是浙江省平湖中学的毛良忠老师.

在一次高三复习中,碰到这样一道函数零点问题:

求证:$f(x)=3ax^2+2bx+b-a$在$(-1,0)$内至少存在一个零点.

他发现许多学生在解决此题时,想法很多但成功求解的却寥寥.于是他将学生在求解此题的心路历程整理出来,并试图挖掘成功解题的缘由.

对于这样一个证明函数零点存在问题,应该说是常规的熟悉的,学生们也很容易想到借助零点存在定理:

设函数$f(x)$在闭区间$[a,b]$上连续,且$f(a)$与$f(b)$异号(即$f(a)\cdot f(b)<0$),

那么在开区间(a,b)内至少有函数$f(x)$的一个零点，即至少有一点$x_0(a<x_0<b)$使$f(x_0)=0$.

此题最理想的结果是希望能直接计算出$f(-1)\cdot f(0)<0$，但事实上$f(-1)=2a-b$，$f(0)=b-a$，由于$f(-1)\cdot f(0)=(2a-b)(b-a)$很难判断正负性，在实际解答中很多同学都纠结在此式是否为负值或者怎样分情况证明它为负值而停滞不前，思维陷入困顿.

一段时间的尝试后，有学生突发奇想：能否将原式转化为只含一个字母的式子？

方法1　(1)当$a=0$时，$x=-\frac{1}{2}$适合题意.

(2)当$a\neq0$时，问题转化为$3x^2+\frac{2b}{a}x+\frac{b}{a}-1=0$，令$t=\frac{b}{a}$，则$3x^2+2tx+t-1=0$，令$h(x)=3x^2+2tx+t-1$，因为$h\left(-\frac{1}{2}\right)=-\frac{1}{4}<0$.

当$t>1$时，$h(0)=t-1>0$，所以$y=h(x)$在$\left(-\frac{1}{2},0\right)$内有零点.

当$t\leqslant1$时，$h(-1)=2-t\geqslant1>0$，所以$y=h(x)$在$\left(-1,-\frac{1}{2}\right)$内有零点.

因此，当$a\neq0$时，$y=h(x)$在$(-1,0)$内至少有一个零点.

综上可知，函数$y=f(x)$在$(-1,0)$内至少有一个零点.

上面方法的成功解答主要归功于找到了一个特

殊的中点 $-\frac{1}{2}$，且函数值恰好为负值，在进一步的讨论中使得零点存在定理得到了合理运用. 受方法 1 的启示，在最初的想法中能否也用二分法试点？

方法2 当 $a=b$ 时，$x=-\frac{2}{3}$，适合题意，当 $a=0$，$x=-\frac{1}{2}$ 适合题意.

由于 $f(-1)=2a-b$，$f(0)=b-a$，$f\left(-\frac{1}{2}\right)=-\frac{1}{4}a$.

(i) 当 $a>0$ 时，$f\left(-\frac{1}{2}\right)=-\frac{1}{4}a<0$.

(1) 若 $b>a$，则 $f(0)>0$，此时 $\left(-\frac{1}{2},0\right)$ 内至少有一个零点.

(2) 若 $b<a$，则 $f(-1)=2a-b>0$，此时 $\left(-1,-\frac{1}{2}\right)$ 内至少有一个零点.

(ii) 同样，当 $a<0$ 时，$f\left(-\frac{1}{2}\right)=-\frac{1}{4}a>0$.

(1) 若 $b>a$，则 $f(-1)=2a-b<0$，此时 $\left(-1,-\frac{1}{2}\right)$ 内至少有一个零点.

(2) 若 $b<a$，则 $f(0)<0$，此时 $\left(-\frac{1}{2},0\right)$ 内至少有一个零点.

上面的两种方法通过讨论，让我们认清了问题的纠结处，使问题得到了较为圆满的解答. 更大胆的想法是，此题不讨论能行吗？二分法能行，那么能否用

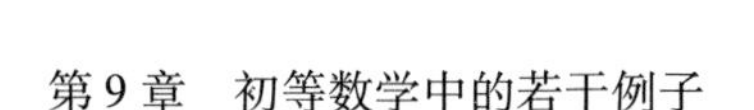

三分法试点呢？

方法3　$f(0)=b-a, f(-1)=2a-b, f\left(-\frac{1}{3}\right)=\frac{b-2a}{3}$. 因为 a,b 不同时为零，所以

$$f\left(-\frac{1}{3}\right)\cdot f(-1)=-\frac{(2a-b)^2}{3}<0$$

故 $\left(-1,-\frac{1}{3}\right)$ 内有零点. 结论成立.

同样，若利用 $f\left(-\frac{2}{3}\right)=\frac{1}{3}a-\frac{1}{3}b$，所以

$$f\left(-\frac{2}{3}\right)\cdot f(0)=-\frac{(a-b)^2}{3}<0$$

则 $\left(-\frac{2}{3},0\right)$ 内有零点，结论也成立.

方法3的简便处理，让人惊叹！应该感谢这样的一个好想法，$-\frac{1}{3}$，$-\frac{2}{3}$ 两个数据的出现使得问题"柳暗花明".

让我们再仔细反思体会一下刚才这样一个成功探究的心路历程：首先求出两个端点值 $f(-1)=2a-b$ 和 $f(0)=b-a$ 的想法是自然的，怎样说明连续函数在某个开区间 (a,b) 上存在零点呢？利用零点存在定理 $f(a)\cdot f(b)<0$，但是现在问题是 $f(-1)\cdot f(0)=(2a-b)(b-a)$ 很难判断正负性，此时需要寻找第三个点——最熟悉的中点首先跳出脑海，$f\left(-\frac{1}{2}\right)=-\frac{1}{4}a$，初看一下挺吓人（尝试1），如果字母少一点该

多好啊！有想法就赶紧行动(方法 1)——成功的感觉真好！尝试 1 难道真的行不通吗？$f\left(-\frac{1}{2}\right)$中不就多了一个 a 吗？耐着性子分类讨论，终于成功了！(方法 2 的成功，有受方法 1 的顺利解答的直接激励，也有不服输讨论思想的引导)能否不讨论直接找到零点呢？这个可能性几乎没有，能否寻找到一个点直接利用零点存在定理判断呢？也就是说，如果能找到一个数使得 $f(0)\cdot f(x_0)<0$ 就好了，尝试二等分能行，三等分行吗？代点一试，出乎意外的惊喜！成功了，并且是真的无需讨论就搞定！这样的一种解题感觉一定令人特别爽快.

三等分点的代入使问题解决更简洁，它的发现是巧合还是必然呢？让我们先放下刚才激动的心，再静下心感悟成功的关键是什么？

考虑到 $f(0)=b-a$，如果能找到一个数 x_0 有 $f(x_0)=t(b-a)$，(其中 $t<0$)就好啦！于是不妨将 $f(x)$改写成 $f(x)=3ax^2+2bx+b-a=a(3x^2-1)+b(2x+1)$，比较系数$\frac{3x^2-1}{2x+1}=\frac{-1}{1}$，解得 $x=0$ 或 $x=-\frac{2}{3}$，检验$f\left(-\frac{2}{3}\right)=\frac{1}{3}a-\frac{1}{3}b=-\frac{1}{3}(b-a)$，于是 $f(0)\cdot f\left(-\frac{2}{3}\right)<0$，成功！同样的想法，如果能找到一个数使得 $f(-1)\cdot f(x_0)<0$ 就行，考虑到 $f(-1)=2a-b$，令$\frac{3x^2-1}{2x+1}=\frac{2}{-1}$，解得 $x=-1$ 或 $x=-\frac{1}{3}$，检验

$f\left(-\frac{1}{3}\right)=\frac{b-2a}{3}$，故 $f(-1)\cdot f\left(-\frac{1}{3}\right)<0$. 由此发现三分法的提出有其偶然性又内含了必然性，上面的想法给解法 3 的“秒杀”技巧较为完美的自圆其说. 这样的解题技巧若能运用到这两年的浙江省高考试题中来可谓“奇”、“妙”.

(1)(2012 年浙江数学理第 17 题) 设 $a\in\mathbf{R}$，若 $x>0$ 时均有 $[(a-1)x-1](x^2-ax-1)\geqslant 0$，则 $a=$________.

原不等式变形为 $[ax-(x+1)]\times[a(-x)+x^2-1]\geqslant 0$，令 $\frac{x}{-x}=\frac{-(x+1)}{x^2-1}$，化简得 $x^2-x-2=0$，由于 $x>0$，解得 $x=2$. 于是取 $x=2$ 代入 $[(a-1)x-1](x^2-ax-1)\geqslant 0$ 得 $(2a-3)^2\leqslant 0$，故 $a=\frac{3}{2}$.

(2)(2013 年浙江数学文科第 16 题) 设 $a,b\in\mathbf{R}$，若 $x\geqslant 0$ 时恒有 $0\leqslant x^4-x^3+ax+b\leqslant(x^2-1)^2$，则 $ab=$________.

在求解中有学生直接利用 $x=\pm 1$ 代入上面不等式得：$0\leqslant a+b\leqslant 0$，$0\leqslant 2-a+b\leqslant 0$，由此

$$\begin{cases}a+b=0\\2-a+b=0\end{cases}$$

解得 $a=1$，$b=-1$，故 $ab=-1$，恰好与标准答案吻合. 细心的同学可能已发现：题目中可是要求 $x>0$ 的，怎么用 $x=-1$ 代入了呢？不管你信不信，事实上 $a=1$，$b=-1$ 真的是正确的！是必然还是偶然呢？这个问题留给读者自己思考.

让我们换一个角度重新审视原先的这个问题.

令$f(x)=3ax^2+2bx+b-a=a(3x^2-1)+b(2x+1)=0$. 问题转化为:在$(-1,0)$上此方程至少有一个解.

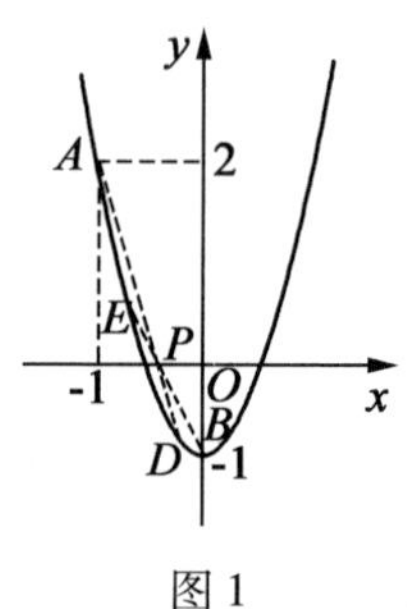

图 1

当$a=0$时显然成立;

当$a\neq0$时,化解为$3x^2-1=-\frac{b}{a}(2x+1)$. 若设$y_1=3x^2-1$,$y_2=-\frac{b}{a}(2x+1)$,在同一坐标系内作出这两个函数的图像(图 1),易知$y_1=3x^2-1$表示过点$A(-1,2)$,$B(0,-1)$的抛物线,$y_2=-\frac{b}{a}(2x+1)$表示过点$P\left(-\frac{1}{2},0\right)$的直线,由$a,b$的任意性,问题化归为:过点$P\left(-\frac{1}{2},0\right)$的直线恒与抛物线$y=3x^2-1$上两点$A(-1,2)$,$B(0,-1)$间的曲线相交. 特殊地,作出直线$APD$和$BPE$,分别求得与抛物线的交点$D\left(-\frac{1}{3},-\frac{2}{3}\right)$,$E\left(-\frac{2}{3},\frac{1}{3}\right)$,从图 1 中上看出:过点$P$的直线与曲线$AD$,$BE$处各有交点,由此发现上面取

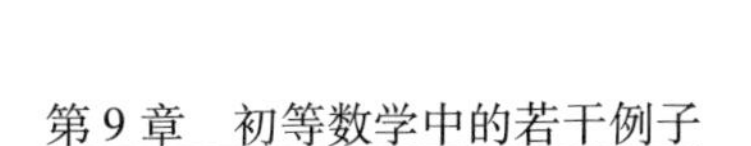

$x=-\frac{1}{3}$和$-\frac{2}{3}$也是情理之中.

当然,如果将问题变为:求证$f(x)=3ax^2+2bx+b-a$在$\left(-\frac{2}{3},0\right)$内存在零点或改为在$\left(-1,-\frac{1}{3}\right)$内存在一个零点,就索然无味了.进一步地发现,由于直线AB与x轴的交点横坐标为$-\frac{1}{3}$,则变动P,只要$x_P\in\left(-\frac{\sqrt{3}}{3},-\frac{1}{3}\right)$,都有$y_1=3x^2-1$,$y_2=k(x-x_P)$在$(-1,0)$上有零点.若取$x_P=-\frac{2}{5}$,则原问题可以改编为$f(x)=3ax^2+10bx+4b-a$在$(-1,0)$内至少存在一个零点.请读者体味编题的过程.

§2　对一道质检题的解法探究及拓展

福建省古田县第一中学的蒋满林老师发表了一篇题为"对一道质检题的解法探究及拓展"的文章.对零点问题进一步进行了讨论.

题目　已知函数$f(x)=e^x\sin x-\cos x$,$g(x)=x\cos x-\sqrt{2}e^x$,其中e是自然对数的底数.

(1)判断函数$y=f(x)$在$\left(0,\frac{\pi}{2}\right)$内的零点的个数,并说明理由;

(2)$\forall x_1\in\left[0,\frac{\pi}{2}\right]$,$\exists x_2\in\left[0,\frac{\pi}{2}\right]$,使得不等式

$f(x_1)+g(x_2)\geqslant m$ 成立,试求实数 m 的取值范围;

(3)若 $x>-1$,求证 $f(x)-g(x)>0$.

这是福州市 2014 ~ 2015 学年第一学期高三质量检查考试的最后一题,本题主要考查函数的零点、函数的导数、导数的应用、不等式的恒成立等基础知识,考查推理论证能力、运算求解能力,考查函数与方程思想、化归与转化思想、数形结合思想等.

(1)**解法 1** 函数 $y=f(x)$ 在 $\left(0,\frac{\pi}{2}\right)$ 上的零点的个数为 1.

理由如下:

因为 $f(x)=e^x\sin x-\cos x$,所以 $f'(x)=e^x\sin x+e^x\cos x+\sin x$. 因为 $0<x<\frac{\pi}{2}$,所以 $f'(x)>0$,所以函数 $f(x)$ 在 $\left(0,\frac{\pi}{2}\right)$ 上是单调递增函数. 因为 $f(0)=-1<0$,$f\left(\frac{\pi}{2}\right)=e^{\frac{\pi}{2}}>0$,根据函数零点存在性定理得,函数 $y=f(x)$ 在 $\left(0,\frac{\pi}{2}\right)$ 上的零点的个数为 1.

解法 2 令 $f(x)=e^x\sin x-\cos x=0$,$x\in\left(0,\frac{\pi}{2}\right)$,则有 $e^x=\frac{\cos x}{\sin x}$,$x\in\left(0,\frac{\pi}{2}\right)$,记 $m(x)=e^x$,$n(x)=\frac{\cos x}{\sin x}$,而 $m'(x)=e^x>0$,$n'(x)=-\frac{1}{\sin^2 x}<0$,所以 $m(x)=e^x$ 在 $\left(0,\frac{\pi}{2}\right)$ 上是单调递增函数. $n(x)=\frac{\cos x}{\sin x}$

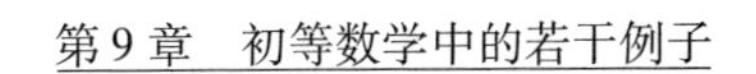

在$\left(0,\frac{\pi}{2}\right)$上是单调递减函数,当$x\to 0$时,$m(x)\to 1$,$n(x)\to +\infty$;当$x\to\frac{\pi}{2}$时,$m(x)\to e^{\frac{\pi}{2}}$,$n(x)\to 0$.所以$m(x)=n(x)$在$\left(0,\frac{\pi}{2}\right)$上有且只有一个交点,即函数$y=f(x)$在$\left(0,\frac{\pi}{2}\right)$上的零点的个数为1.

(2)**解法1**　因为不等式$f(x_1)+g(x_2)\geqslant m$等价于$f(x_1)\geqslant m-g(x_2)$,所以$\forall x_1\in\left[0,\frac{\pi}{2}\right]$,$\exists x_2\in\left[0,\frac{\pi}{2}\right]$,使得不等式$f(x_1)+g(x_2)\geqslant m$成立,等价于$f(x_1)_{\min}\geqslant(m-g(x_2))_{\min}$,即$f(x_1)_{\min}\geqslant m-g(x_2)_{\max}$.

当$x\in\left[0,\frac{\pi}{2}\right]$时,$f'(x)=e^x\sin x+e^x\cos x+\sin x>0$,故$f(x)$在区间$\left[0,\frac{\pi}{2}\right]$上单调递增,所以$x=0$时,$f(x)$取得最小值$-1$.

又$g'(x)=\cos x-x\sin x-\sqrt{2}e^x$,因为$0\leqslant\cos x\leqslant 1$,$x\sin x\geqslant 0$,$\sqrt{2}e^x\geqslant\sqrt{2}$,所以$g'(x)<0$,故$g(x)$在区间$\left[0,\frac{\pi}{2}\right]$上单调递减,因此$x=0$时,$g(x)$取得最大值$-\sqrt{2}$.所以$-1\geqslant m-(-\sqrt{2})$,所以$m\leqslant -\sqrt{2}-1$.所以实数$m$的取值范围是$(-\infty,-1-\sqrt{2})$.

解法2　$\forall x_1\in\left[0,\frac{\pi}{2}\right]$,$\exists x_2\in\left[0,\frac{\pi}{2}\right]$,使得不等式$f(x_1)+g(x_2)\geqslant m$成立,可转化为$\forall x_1\in\left[0,\frac{\pi}{2}\right]$,使

得$f(x_1)+D\geqslant m$成立，其中$D=g(x_2)$，$\exists x_2\in\left[0,\frac{\pi}{2}\right]$，即$f(x_1)_{\min}+D\geqslant m$，进一步转化为$\exists x_2\in\left[0,\frac{\pi}{2}\right]$，使得$C+g(x_2)\geqslant m$成立，其中$C=f(x_1)_{\min}$，$x_1\in\left[0,\frac{\pi}{2}\right]$，即$C+g(x_2)_{\max}\geqslant m$，故$\forall x_1\in\left[0,\frac{\pi}{2}\right]$，$\exists x_2\in\left[0,\frac{\pi}{2}\right]$，使得不等式$f(x_1)+g(x_2)\geqslant m\Leftrightarrow f(x_1)_{\min}+g(x_2)_{\max}\geqslant m$，以下同解法 1.

解法 3　$\forall x_1\in\left[0,\frac{\pi}{2}\right]$，$\exists x_2\in\left[0,\frac{\pi}{2}\right]$，使得不等式$f(x_1)+g(x_2)\geqslant m$成立，可转化为$\exists x_2\in\left[0,\frac{\pi}{2}\right]$，使得$C+g(x_2)\geqslant m$，其中$C=f(x_1)$，$\forall x_1\in\left[0,\frac{\pi}{2}\right]$，即$C+g(x_2)_{\max}\geqslant m$，进一步转化为$\forall x_1\in\left[0,\frac{\pi}{2}\right]$，使得$f(x_1)+D\geqslant m$成立，其中$D=g(x_2)_{\max}$，$x_2\in\left[0,\frac{\pi}{2}\right]$，即$f(x_1)_{\min}+D\geqslant m$，故$\forall x_1\in\left[0,\frac{\pi}{2}\right]$，$\exists x_2\in\left[0,\frac{\pi}{2}\right]$，使得不等式$f(x_1)+g(x_2)\geqslant m\Leftrightarrow f(x_1)_{\min}+g(x_2)_{\max}\geqslant m$，以下同解法 1.

(3)**解法 1**　当$x>-1$时，要证$f(x)-g(x)>0$，只需证$f(x)>g(x)$，只需证$e^x\sin x-\cos x>x\cos x-\sqrt{2}e^x$，只需证$e^x(\sin x+\sqrt{2})>(x+1)\cos x$，由于$\sin x+\sqrt{2}>0$，$x+1>0$，只需证$\frac{e^x}{x+1}>\frac{\cos x}{\sin x+\sqrt{2}}$. 下面证明$x>$

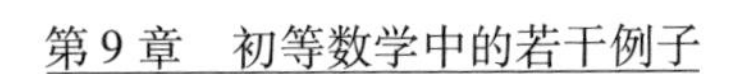

-1 时,不等式$\frac{e^x}{x+1}>\frac{\cos x}{\sin x+\sqrt{2}}$成立.

令 $h(x)=\frac{e^x}{x+1}(x>-1)$,则

$$h'(x)=\frac{e^x(x+1)-e^x}{(x+1)^2}=\frac{xe^x}{(x+1)^2}$$

当 $x\in(-1,0)$ 时,$h'(x)<0$,$h(x)$ 单调递减;当 $x\in(0,+\infty)$ 时,$h'(x)>0$,$h(x)$ 单调递增. 所以当且仅当 $x=0$ 时,$h(x)$ 取得极小值也就是最小值为 1.

令 $k=\frac{\cos x}{\sin x+\sqrt{2}}$,其可看作点 $A(\sin x,\cos x)$ 与点 $B(-\sqrt{2},0)$ 连线的斜率,所以直线 AB 的方程为 $y=k(x+\sqrt{2})$,由于点 A 在圆 $x^2+y^2=1$ 上,所以直线 AB 与圆 $x^2+y^2=1$ 相交或相切,当直线 AB 与圆 $x^2+y^2=1$ 相切,且切点在第二象限时,直线 AB 斜率 k 取得的最大值为 1. 故当 $x=0$ 时,$k=\frac{\sqrt{2}}{2}<1=h(0)$;$x\neq 0$ 时,$h(x)>1\geqslant k$. 综上所述,当 $x>-1$ 时,$f(x)-g(x)>0$ 成立.

解法 2　由解法 1 得$\frac{e^x}{x+1}>\frac{\cos x}{\sin x+\sqrt{2}}$,令 $h(x)=\frac{e^x}{x+1}(x>-1)$,$k=\frac{\cos x}{\sin x+\sqrt{2}}(x>-1)$,则有 $k\sin x+\sqrt{2}k=\cos x$,化为 $\cos x-k\sin x=\sqrt{1+k^2}\cos(x+\varphi)=\sqrt{2}k$(其中 $\tan\varphi=k$),则有$\sqrt{2}k\leqslant\sqrt{1+k^2}$,解得 $k\leqslant 1$,故当 $x=0$ 时,$k=\frac{\sqrt{2}}{2}<1=h(0)$;$x\neq 0$ 时,$h(x)>1\geqslant k$.

其他解法部分同解 1.

综上所述,当 $x>-1$ 时,$f(x)-g(x)>0$ 成立.

解法 3 当 $x>-1$ 时,$f(x)-g(x)>0 \Leftrightarrow e^x\sin x-\cos x-x\cos x+\sqrt{2}e^x>0 \Leftrightarrow e^x(\sin x+\sqrt{2})>(x+1)\cos x \Leftrightarrow \frac{x+1}{e^x}\cos x-\sin x<\sqrt{2}$. 而 $\frac{x+1}{e^x}\cos x-\sin x=\sqrt{1+\left(\frac{x+1}{e^x}\right)^2}\cos(x+\varphi)\leqslant\sqrt{1+\left(\frac{x+1}{e^x}\right)^2}$ $\left(其中 \tan\varphi=\frac{e^x}{x+1}\right)$,记 $h(x)=\frac{x+1}{e^x}(x>-1)$,则 $h'(x)=\frac{e^x-(x+1)e^x}{e^{2x}}=\frac{-x}{e^x}$,故 $h(x)$ 在 $(-1,0)$ 上单调递增,在 $(0,+\infty)$ 上单调递减,所以 $h(x)_{\max}=h(0)=1$,所以 $\sqrt{1+\left(\frac{x+1}{e^x}\right)^2}\leqslant\sqrt{2}$,而当 $x=0$ 时,$\frac{x+1}{e^x}\cos x-\sin x=1<\sqrt{2}$,故"="取不到,所以 $\frac{x+1}{e^x}\cos x-\sin x<\sqrt{2}$ 成立,即当 $x>-1$ 时,$f(x)-g(x)>0$ 成立.

将(2)小题中的量词"$\forall$"与"$\exists$"进行不同的组合,将加号改为减或乘,将"$\geqslant$"改为"$\leqslant$",将 $m=0$ 等进行各种变换,将得到多种双函数成立问题,由此可以引出特殊到一般的探究. 可谓考在题内意在外,引申拓展味更浓. 下面给出其引申拓展的几个结论(证明过程可仿照(2)小题的证法).

结论 1 (1) $\forall x_1\in[a,b]$, $\forall x_2\in[c,d]$,使得不等式 $f(x_1)\geqslant g(x_2)$ 成立 $\Leftrightarrow f(x_1)_{\min}\geqslant g(x_2)_{\max}$.

(2) $\forall x_1 \in [a,b]$, $\exists x_2 \in [c,d]$,使得不等式 $f(x_1) \geqslant g(x_2)$ 成立 $\Leftrightarrow f(x_1)_{\min} \geqslant g(x_2)_{\min}$.

(3) $\exists x_1 \in [a,b]$, $\forall x_2 \in [c,d]$,使得不等式 $f(x_1) \geqslant g(x_2)$ 成立 $\Leftrightarrow f(x_1)_{\max} \geqslant g(x_2)_{\max}$.

(4) $\exists x_1 \in [a,b]$, $\exists x_2 \in [c,d]$,使得不等式 $f(x_1) \geqslant g(x_2)$ 成立 $\Leftrightarrow f(x_1)_{\max} \geqslant g(x_2)_{\min}$.

结论2　(1) $\forall x_1 \in [a,b]$, $\forall x_2 \in [c,d]$,使得不等式 $f(x_1) \leqslant g(x_2)$ 成立 $\Leftrightarrow f(x_1)_{\max} \leqslant g(x_2)_{\min}$.

(2) $\forall x_1 \in [a,b]$, $\exists x_2 \in [c,d]$,使得不等式 $f(x_1) \leqslant g(x_2)$ 成立 $\Leftrightarrow f(x_1)_{\max} \leqslant g(x_2)_{\max}$.

(3) $\exists x_1 \in [a,b]$, $\forall x_2 \in [c,d]$,使得不等式 $f(x_1) \leqslant g(x_2)$ 成立 $\Leftrightarrow f(x_1)_{\min} \leqslant g(x_2)_{\min}$.

(4) $\exists x_1 \in [a,b]$, $\exists x_2 \in [c,d]$,使得不等式 $f(x_1) \leqslant g(x_2)$ 成立 $\Leftrightarrow f(x_1)_{\min} \leqslant g(x_2)_{\max}$.

结论3　(1) $\forall x_1 \in [a,b]$, $\forall x_2 \in [c,d]$,使得不等式 $f(x_1)+g(x_2) \geqslant m$ 成立 $\Leftrightarrow f(x_1)_{\min}+g(x_2)_{\min} \geqslant m$.

(2) $\forall x_1 \in [a,b]$, $\exists x_2 \in [c,d]$,使得不等式 $f(x_1)+g(x_2) \geqslant m$ 成立 $\Leftrightarrow f(x_1)_{\min}+g(x_2)_{\max} \geqslant m$.

(3) $\exists x_1 \in [a,b]$, $\forall x_2 \in [c,d]$,使得不等式 $f(x_1)+g(x_2) \geqslant m$ 成立 $\Leftrightarrow f(x_1)_{\max}+g(x_2)_{\min} \geqslant m$.

(4) $\exists x_1 \in [a,b]$, $\exists x_2 \in [c,d]$,使得不等式 $f(x_1)+g(x_2) \geqslant m$ 成立 $\Leftrightarrow f(x_1)_{\max}+g(x_2)_{\max} \geqslant m$.

结论4　(1) $\forall x_1 \in [a,b]$, $\forall x_2 \in [c,d]$,使得不等式 $f(x_1)+g(x_2) \leqslant m$ 成立 $\Leftrightarrow f(x_1)_{\max}+g(x_2)_{\max} \leqslant m$.

(2) $\forall x_1 \in [a,b]$, $\exists x_2 \in [c,d]$,使得不等式 $f(x_1)+g(x_2) \leqslant m$ 成立 $\Leftrightarrow f(x_1)_{\max}+g(x_2)_{\min} \leqslant m$.

(3) $\exists x_1 \in [a,b]$, $\forall x_2 \in [c,d]$,使得不等式 $f(x_1)+g(x_2)\leqslant m$ 成立 $\Leftrightarrow f(x_1)_{\min}+g(x_2)_{\max}\leqslant m$.

(4) $\exists x_1 \in [a,b]$, $\exists x_2 \in [c,d]$,使得不等式 $f(x_1)+g(x_2)\leqslant m$ 成立 $\Leftrightarrow f(x_1)_{\min}+g(x_2)_{\min}\leqslant m$.

结论 5 $\forall x_1 \in [a,b]$, $f(x_1)>0$, $\forall x_2 \in [c,d]$, $g(x_2)>0$, $m>0$.

(1) $\forall x_1 \in [a,b]$, $\forall x_2 \in [c,d]$,使得不等式 $f(x_1)g(x_2)\geqslant m$ 成立 $\Leftrightarrow f(x_1)_{\min}g(x_2)_{\min}\geqslant m$.

(2) $\forall x_1 \in [a,b]$, $\exists x_2 \in [c,d]$,使得不等式 $f(x_1)g(x_2)\geqslant m$ 成立 $\Leftrightarrow f(x_1)_{\min}g(x_2)_{\max}\geqslant m$.

(3) $\exists x_1 \in [a,b]$, $\forall x_2 \in [c,d]$,使得不等式 $f(x_1)g(x_2)\geqslant m$ 成立 $\Leftrightarrow f(x_1)_{\max}g(x_2)_{\min}\geqslant m$.

(4) $\exists x_1 \in [a,b]$, $\exists x_2 \in [c,d]$,使得不等式 $f(x_1)g(x_2)\geqslant m$ 成立 $\Leftrightarrow f(x_1)_{\max}g(x_2)_{\max}\geqslant m$.

结论 6 $\forall x_1 \in [a,b]$, $f(x_1)>0$, $\forall x_2 \in [c,d]$, $g(x_2)>0$, $m>0$.

(1) $\forall x_1 \in [a,b]$, $\forall x_2 \in [c,d]$,使得不等式 $f(x_1)g(x_2)\leqslant m$ 成立 $\Leftrightarrow f(x_1)_{\max}g(x_2)_{\max}\leqslant m$.

(2) $\forall x_1 \in [a,b]$, $\exists x_2 \in [c,d]$,使得不等式 $f(x_1)g(x_2)\leqslant m$ 成立 $\Leftrightarrow f(x_1)_{\max}g(x_2)_{\min}\leqslant m$.

(3) $\exists x_1 \in [a,b]$, $\forall x_2 \in [c,d]$,使得不等式 $f(x_1)g(x_2)\leqslant m$ 成立 $\Leftrightarrow f(x_1)_{\min}g(x_2)_{\max}\leqslant m$.

(4) $\exists x_1 \in [a,b]$, $\exists x_2 \in [c,d]$,使得不等式 $f(x_1)g(x_2)\leqslant m$ 成立 $\Leftrightarrow f(x_1)_{\min}g(x_2)_{\min}\leqslant m$.

通过以上对试题的解法探究、试题的解析和结论的拓展,我们不仅挖掘出了试题的多种解法,而且得

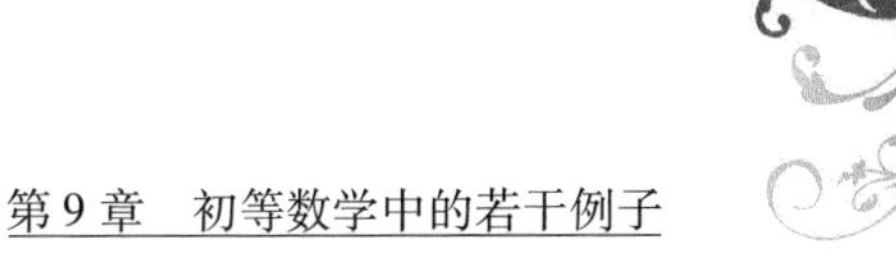

到了更一般的结论，同时可以将探究过程设计成一个研究性学习的教学案例.

§3　一类函数零点平均值处导数符号问题的探究

江苏省苏州市第一中学的王耀老师在某数学教研 QQ 群中碰到一道题：

问题 1　函数 $f(x)=x\ln x-\frac{k}{x}(k<0)$ 的图像与 x 轴交于不同的两点 $A(x_1,0)$，$B(x_2,0)$. 求证：$f'\left(\frac{x_1+x_2}{2}\right)\neq 0$（其中 $f'(x)$ 为函数 $f(x)$ 的导函数）.

此题虽引起激烈的讨论，但是王老师思考后发现，讨论并没有触及到问题的本质. 为此，王老师将自己对这个问题的一些思考整理如下.

1. 问题联想

苏联数学家雅诺夫斯卡娅在回答解题时意味着什么时说："解题——就是意味着把所要解决的问题转化为已经解过的问题."

事实上，在问题 1 中，以函数图像以及函数的零点 x_1，x_2 为命题背景的题型，在近些年的全国各地的模考甚至高考中也出现过多次. 通常情况下，许多师生在处理这种问题时，主要采用代数方法，即通过等价转化后，采用构造新的函数去分析. 如例 1 中的第 3 问：

例1 （2014 年南京、盐城高三三模第 19 题）已知函数 $f(x)=\ln x-ax$，a 为常数.

（1）若函数 $f(x)$ 在 $x=1$ 的切线与 x 轴平行，求 a 的值；

（2）当 $a=1$ 时，试比较 $f(m)$，$f\left(\frac{1}{m}\right)$ 的大小；

（3）若函数 $f(x)$ 有两个零点 x_1，x_2，试证明：$x_1x_2>e^2$.

证明 （3）若函数 $f(x)$ 有两个零点 x_1，x_2，不妨设 $0<x_1<x_2$，则

$$\begin{cases}\ln x_1=ax_1\\ \ln x_2=ax_2\end{cases}$$

要证明

$$\begin{aligned}x_1x_2>e^2&\Leftrightarrow\ln x_1+\ln x_2>2\\&\Leftrightarrow a(x_1+x_2)>2\\&\Leftrightarrow\frac{\ln x_2-\ln x_1}{x_2-x_1}(x_1+x_2)>2\end{aligned}$$

令 $t=\frac{x_2}{x_1}(t>1)$，则需证

$$\frac{(t+1)\ln t}{t-1}>2\Leftrightarrow\ln t>\frac{2(t-1)}{t+1}$$

令 $h(t)=\ln t-\frac{2(t-1)}{t+1}$，其导函数

$$h'(t)=\frac{t+\frac{1}{t}-2}{(t+1)^2}$$

由 $t>1\Rightarrow h'(t)>0$. 因此

$$h(t) > h(1) = 0$$

即

$$\ln t > \frac{2(t-1)}{t+1}$$

故原不等式得证.

评注1　上述代数解法能顺利解决问题,其中的转化过程都是等价的. 事实上,由 $f'(x) = \frac{1-ax}{x}$ 可知,当 $a \leqslant 0$ 时,函数 $f(x)$ 为单调增函数,不可能有两个零点,故 $a > 0$. 则当 $x > \frac{1}{a}$ 时,$f'(x) < 0$. 当 $0 < x < \frac{1}{a}$ 时,$f'(x) > 0$. 那么,由 $x_1x_2 > e^2$ 还能得到 $\frac{x_1+x_2}{2} > \frac{1}{a}$,即可知 $f'\left(\frac{x_1+x_2}{2}\right) < 0$.

与例1类似,问题还可以进一步改编,又如下面这道期中试题:

例2　(徐州市2013年高三第一学期期中考试压轴题)已知函数 $f(x) = a\ln x - x^2$.

(1)当 $a = 2$ 时,求函数 $y = f(x)$ 在 $\left[\frac{1}{2}, 2\right]$ 上的最大值;

(2)令 $g(x) = f(x) + ax$,若 $y = g(x)$ 在区间 $(0,3)$ 上不单调,求 a 的取值范围;

(3)当 $a = 2$ 时,函数 $h(x) = f(x) - mx$ 的图像与 x 轴交于两点 $A(x_1, 0)$,$B(x_2, 0)$,且 $0 < x_1 < x_2$,又 $y = h'(x)$ 是 $y = h(x)$ 的导函数. 若正常数 α, β 满足条件

$\alpha+\beta=1,\beta\geqslant\alpha$. 证明 $h'(\alpha x_1+\beta x_2)<0$.

证明 (3)由 $h'(x)=\frac{2}{x}-2x-m,f(x)-mx=0$ 有两个实根 x_1,x_2,即有

$$\begin{cases}2\ln x_1-x_1^2-mx_1=0\\2\ln x_2-x_2^2-mx_2=0\end{cases}$$

两式相减得

$$2(\ln x_1-\ln x_2)-(x_1^2-x_2^2)=m(x_1-x_2)$$

有

$$m=\frac{2(\ln x_1-\ln x_2)}{x_1-x_2}-(x_1+x_2)$$

于是

$$\begin{aligned}h'(\alpha x_1+\beta x_2)&=\frac{2}{\alpha x_1+\beta x_2}-2(\alpha x_1+\beta x_2)-\\&\quad\frac{2(\ln x_1-\ln x_2)}{x_1-x_2}+(x_1+x_2)\\&=\frac{2}{\alpha x_1+\beta x_2}-\frac{2(\ln x_1-\ln x_2)}{x_1-x_2}+\\&\quad(2\alpha-1)(x_2-x_1)\end{aligned}$$

由题意 $\beta\geqslant\alpha$,可知

$$2\alpha\leqslant1,(2\alpha-1)(x_2-x_1)\leqslant0$$

故要证

$$h'(\alpha x_1+\beta x_2)<0$$

只需证

$$\frac{2}{\alpha x_1+\beta x_2}-\frac{2(\ln x_1-\ln x_2)}{x_1-x_2}<0$$

即要证

$$\frac{x_1-x_2}{\alpha x_1+\beta x_2}-\ln\frac{x_1}{x_2}>0 \qquad (1)$$

令$\frac{x_1}{x_2}=t\in(0,1)$,则式(1)化为

$$\frac{1-t}{\alpha t+\beta}+\ln t<0$$

设$u(t)=\ln t+\frac{1-t}{\alpha t+\beta}$,则

$$\begin{aligned}u'(t)&=\frac{1}{t}+\frac{-(\alpha t+\beta)-(1-t)\alpha}{(\alpha t+\beta)^2}\\&=\frac{1}{t}-\frac{1}{(\alpha t+\beta)^2}\\&=\frac{(\alpha t+\beta)^2-t}{t(\alpha t+\beta)^2}\\&=\frac{\alpha^2(t-1)\left(t-\frac{\beta^2}{\alpha^2}\right)}{t(\alpha t+\beta)^2}\end{aligned}$$

由于

$$\frac{\beta^2}{\alpha^2}\geqslant 1,0<t<1,t-1<0,u'(t)>0$$

则$u(t)$在$(0,1)$上单调递增

$$u(t)<u(1)=0$$

有

$$\ln t+\frac{1-t}{\alpha t+\beta}<0$$

即

$$\frac{x_1-x_2}{\alpha t+\beta}+\ln\frac{x_1}{x_2}<0$$

亦即

$$h'(\alpha x_1+\beta x_2)<0$$

评注 2 例 2 的代数解法比较繁琐，计算量较大. 若取 $\alpha=\beta=\frac{1}{2}$，则问题等价于 $h'\left(\frac{x_1+x_2}{2}\right)<0$. 那么，这种线性表示的结构式“$\alpha x_1+\beta x_2$”本质上和 AB 中点有何联系呢？事实上，这个问题可以从不同角度去理清其中结构的本质，可从向量角度去分析，设向量 $\overrightarrow{OC}=(\alpha x_1+\beta x_2,0)$ 和 $\overrightarrow{OD}=\left(\frac{x_1+x_2}{2},0\right)$，则由平面向量基本定理可知：点 C 在线段 AB 上，且

$$\begin{aligned}\alpha x_1+\beta x_2-\frac{x_1+x_2}{2}&=x_2\left(\frac{1}{2}-\alpha\right)-\left(\frac{1}{2}-\alpha\right)x_1\\&=\left(\frac{1}{2}-\alpha\right)(x_2-x_1)\\&\geqslant 0\end{aligned}$$

则有

$$\alpha x_1+\beta x_2\geqslant\frac{x_1+x_2}{2}$$

结合评注 1，例 2 也可以利用 $\frac{x_1+x_2}{2}$ 与 x_0 的大小关系（其中 $h'(x_0)=0$），结合函数的单调性来证明，即从几何背景的角度分析问题. 另证如下：

另证 （3）由 $h'(x)=\frac{2}{x}-2x-m(x>0)$，$f(x)-mx=0$ 有两个实根 x_1,x_2，即 $h(x_1)=h(x_2)=0$，$h''(x)=-\frac{2}{x^2}-2<0$，则 $h'(x)$ 为 $(0,+\infty)$ 上的减函

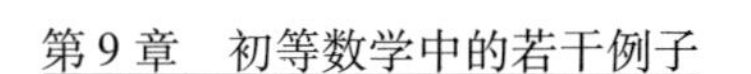

数. 不妨设 $h'(x_0)=0$,则 $m=\frac{2}{x_0}-2x_0$. 可知当 $0<x<x_0$ 时,$h'(x_0)>0$;当 $x>x_0$ 时,$h'(x_0)<0$.

首先说明 $\alpha x_1+\beta x_2\geqslant\frac{x_1+x_2}{2}$.

由题意有

$$\begin{cases}\alpha+\beta=1\\\beta\geqslant\alpha\\\alpha>0\end{cases}$$

得 $0<\alpha\leqslant\frac{1}{2}\leqslant\beta<1$.

那么

$$\begin{aligned}\alpha x_1+\beta x_2-\frac{x_1+x_2}{2}&=x_2\left(\frac{1}{2}-\alpha\right)-\left(\frac{1}{2}-\alpha\right)x_1\\&=\left(\frac{1}{2}-\alpha\right)(x_2-x_1)\geqslant 0\end{aligned}$$

则有

$$\alpha x_1+\beta x_2\geqslant\frac{x_1+x_2}{2}$$

接下来证明 $x_0<\frac{x_1+x_2}{2}$,即有

$$h'\left(\frac{x_1+x_2}{2}\right)<0$$

首先说明

$$\forall x\in(0,x_0),h(x_0-x)<h(x+x_0)$$

令

$$g(x)=h(x+x_0)-h(x_0-x)$$

则

$$\begin{aligned}g(x)&=2\ln(x+x_0)-(x+x_0)^2-m(x+x_0)-\\&\quad[2\ln(x_0-x)-(x-x_0)^2-m(x-x_0)]\\&=2\ln(x+x_0)-2\ln(x_0-x)-4xx_0-2mx\end{aligned}$$

$$\begin{aligned}g'(x)&=2\left(\frac{1}{x+x_0}+\frac{1}{x-x_0}-2x_0-m\right)\\&=2\left(\frac{2x_0}{x_0^2-x^2}-\frac{2}{x_0}\right)\\&=4\cdot\frac{x^2}{x_0(x_0^2-x^2)}\end{aligned}$$

当 $0<x<x_0$ 时,$g'(x)>0$;

当 $x>x_0$,$g'(x)<0$(图 2).

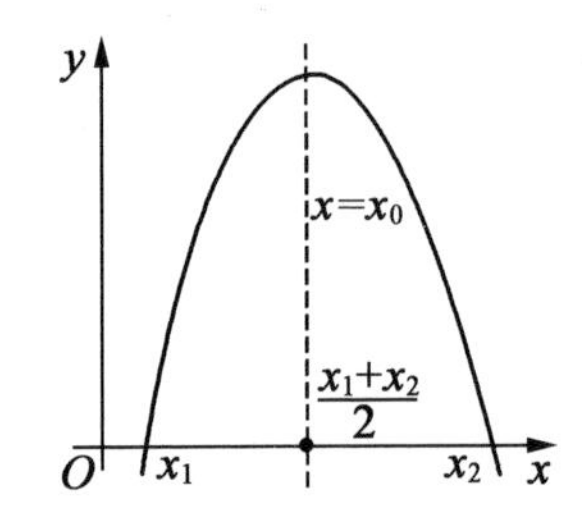

图 2

因此,$0<x<x_0$ 时,$g(x)>g(0)=0$,即

$$h(x+x_0)>h(x_0-x)$$

由 $0<x_1<x_0<x_2$,可知

$$\begin{aligned}h(2x_0-x_1)&=h(x_0+x_0-x_1)>h(x_0-(x_0-x_1))\\&=h(x_1)=0\end{aligned}$$

则

$$x_2>2x_0-x_1$$

即有

$$x_0<\frac{x_1+x_2}{2}$$

综上,可得

$$\alpha x_1+\beta x_2\geqslant\frac{x_1+x_2}{2}>x_0$$

则

$$h'(\alpha x_1+\beta x_2)<0$$

评注3　例2的几何法的证明,让问题本质体现的淋漓尽致.这种证法的主要思想在于构造一个“广义对称”函数,这种构造的思想曾经出现在2011年高考辽宁卷的压轴题:

问题2　(2011年高考辽宁卷(理)第21题)已知函数$f(x)=\ln x-ax^2+(2-a)x$.

(1)讨论$f(x)$的单调性;

(2)设$a>0$,证明:当$0<x<\frac{1}{a}$时,$f\left(\frac{1}{a}+x\right)>f\left(\frac{1}{a}-x\right)$;

(3)若函数$y=f(x)$的图像与x轴交于A,B两点,线段AB中点的横坐标为x_0,证明:$f'(x_0)<0$.

评注4　若用上述证法,例1的第(3)题也可以得到如下证法:

例1另证　(3)若函数$f(x)$有两个零点x_1,x_2,不妨设$0<x_1<x_2$,则

$$\begin{cases}\ln x_1=ax_1\\\ln x_2=ax_2\end{cases}$$

又函数$f(x)$的导函数$f'(x)=\frac{1-ax}{x}$,当$a\leqslant0$时,函数$f(x)$为单调增函数,不可能有两个零点,故$a>0$.

因此，当 $x>\frac{1}{a}$ 时，$f'(x)<0$，当 $0<x<\frac{1}{a}$ 时，$f'(x)>0$，不妨设 $0<x_1<\frac{1}{a}<x_2$.

要证明

$$\begin{aligned}x_1x_2>e^2 &\Leftrightarrow \ln x_1+\ln x_2>2\Leftrightarrow a(x_1+x_2)>2\\&\Leftrightarrow x_1+x_2>\frac{2}{a}\\&\Leftrightarrow x_2>\frac{2}{a}-x_1>\frac{1}{a}\\&\Leftrightarrow f(x_2)<f\left(\frac{2}{a}-x_1\right)\\&\Leftrightarrow f(x_1)<f\left(\frac{2}{a}-x_1\right)\\&\Leftrightarrow f\left(\frac{1}{a}-\left(\frac{1}{a}-x_1\right)\right)<f\left(\frac{1}{a}+\left(\frac{1}{a}-x_1\right)\right)\\&\Leftrightarrow f\left(\frac{1}{a}+t\right)-f\left(\frac{1}{a}-t\right)>0\end{aligned}$$

其中

$$t=\frac{1}{a}-x_1\in\left(0,\frac{1}{a}\right)$$

由

$$\begin{aligned}h(t)&=f\left(\frac{1}{a}+t\right)-f\left(\frac{1}{a}-t\right)\\&=\ln\left(\frac{1}{a}+t\right)-\ln\left(\frac{1}{a}-t\right)-2at\end{aligned}$$

且

$$h'(t)=a\left(\frac{1}{1-a^2t^2}-1\right)$$

因为 $at\in(0,1)$，可知 $h'(t)>0$，$h(t)$ 为增函数. 那么有 $h(t)>h(0)=0$，即有

$$f\left(\frac{1}{a}+t\right)-f\left(\frac{1}{a}-t\right)>0$$

2. 问题探究

通过上述几道类似问题的研究发现，若基于函数图像去分析的话（图3），可得到构造广义对称的方法去证明问题. 那么问题1中，要去分析 $f'\left(\frac{x_1+x_2}{2}\right)\neq 0$，可先猜想 $f'\left(\frac{x_1+x_2}{2}\right)<0$ 还是 $f'\left(\frac{x_1+x_2}{2}\right)>0$ 呢？

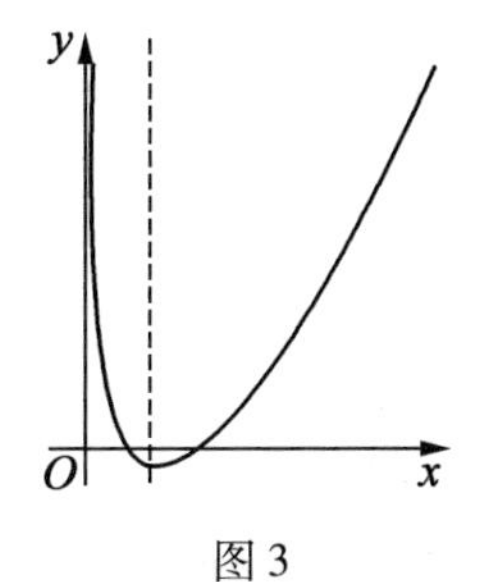

图3

由函数定义域为 $(0,+\infty)$ 可知，函数与 x 轴交于两个不同点，则由 $x\to+\infty$ 时，$f(x)\to+\infty$ 可判定图像开口向上，且靠近 x 轴上原点时，图像的“陡峭”程度大，则可知 $\frac{x_1+x_2}{2}>x_0$（其中 $f'(x_0)=0$），故

$$f'\left(\frac{x_1+x_2}{2}\right)>0$$

具体证明过程如下：

问题1 另证　由题意函数 $f(x)$ 与 x 轴有两个不同

的交点,则

$$f'(x)=1+\ln x+\frac{k}{x^2}$$

设$f'(x_0)=0(x_0>0)$,即$1+\ln x_0+\frac{k}{x_0^2}=0$有

$$x_0^2+x_0^2\ln x_0=-k \tag{2}$$

易知函数$y=1+\ln x_0+\frac{k}{x_0^2}(k<0)$关于$x_0$单调递增,那么当$0<x<x_0$时,$f'(x_0)<0$;当$x>x_0$时,$f'(x_0)>0$. 因此

$$f_{\min}(x)=f(x_0)=x_0\ln x_0-\frac{k}{x_0}<0$$

即

$$2x_0\ln x_0+x_0<0$$
$$2\ln x_0+1<0$$

解得$0<x_0<e^{-\frac{1}{2}}$.

代入式(2)后可知$-\frac{1}{2e}<k<0$.

不妨设$0<x_1<x_0<x_2$,则$f(x_1)=f(x_2)=0$. 要说明$f'\left(\frac{x_1+x_2}{2}\right)\neq 0$,事实上,若能证明$f'\left(\frac{x_1+x_2}{2}\right)>0$即可,亦即要证明$\frac{x_1+x_2}{2}>x_0$.

又

$$\begin{aligned}\frac{x_1+x_2}{2}>x_0&\Leftrightarrow x_1+x_2>2x_0\\&\Leftrightarrow x_2>2x_0-x_1>x_0\\&\Leftrightarrow f(x_2)>f(2x_0-x_1)\end{aligned}$$

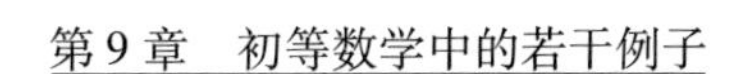

$$\Leftrightarrow f(x_1)>f(2x_0-x_1)$$
$$\Leftrightarrow f(x_0-(x_0-x_1))>f(x_0+(x_0-x_1))$$
$$\Leftrightarrow f(x_0-t)>f(x_0+t)$$
$$\Leftrightarrow f(x_0-t)-f(x_0+t)>0\triangleq g(t)$$

其中,$t=x_0-x_1\in(0,x_0)$,而

$$\begin{aligned}g(t)&=f(x_0-t)-f(x_0+t)\\&=(x_0-t)\ln(x_0-t)-\frac{k}{x_0-t}-\\&\quad(x_0+t)\ln(x_0+t)+\frac{k}{x_0+t}\end{aligned}$$

$$\begin{aligned}g'(t)=&-\ln(x_0-t)-1-\frac{k}{(t-x_0)^2}-1-\\&\ln(x_0+t)-\frac{k}{(x_0+t)^2}\\=&\frac{-k[(x_0-t)^2+(x_0+t)^2]}{(x_0+t)^2(x_0-t)^2}-\ln(x_0^2-t^2)-2\\=&\frac{-2k(x_0^2+t^2)}{(x_0^2-t^2)^2}+\ln\left(\frac{1}{x_0^2-t^2}\right)-2\end{aligned}$$

又

$$\begin{aligned}g'(0)&=-\ln x_0^2-\frac{2k}{x_0^2}-2\\&=-2\left(1+\ln x_0+\frac{k}{x_0^2}\right)=0\end{aligned}$$

下面只要说明 $g''(t)>0$

$$g''(t)=\frac{2t}{x_0^2-t^2}-\frac{4kt(t^2+3x_0^2)}{(x_0^2-t^2)^3}$$

由 $t\in(0,x_0)$ 及 $-\frac{1}{2\mathrm{e}}<k<0$ 可知 $g''(t)>0$,那么

$g'(t) > g'(0) = 0$,则 $g(t) > g(0) = 0$.

综上可知,$f'\left(\frac{x_1 + x_2}{2}\right) > 0$,即有

$$f'\left(\frac{x_1 + x_2}{2}\right) \neq 0$$

§4　例析函数零点问题的求解策略

江苏省灌云高级中学的孙红老师指出:

在苏教版高中数学必修一教材第二章的函数零点应用一章节中,教材主要为我们展示了如何利用零点的分布来推导出参数的取值范围;利用构造的函数合理解答函数零点问题;以及根据一元二次方程根的分布条件,探究参数的取值范围等内容.

孙老师通过对函数零点概念以及零点存在性定理等知识的掌握,就探讨零点的应用问题进行了以下探究性的思考和交流.

1. 图像引领,精彩纷呈

函数 $f(x)$ 的零点也就是函数 $f(x)$ 的图形与 x 轴的交点的横坐标,天生就有着十分明显的几何色彩. 所以利用函数图像我们可以绘画出函数零点的大致位置,这同时也是我们有效解决函数零点问题最经常用到的实际且有效的方法.

(一)单刀直入,分析图像

例 1　设函数 $f(x) = \frac{1}{3}x^3 - (1 + a)x^2 + 4ax +$

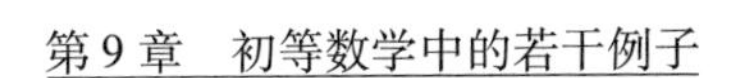

$24a$,其中 $a>1$,如果函数 $f(x)$ 在 $(0,+\infty)$ 上存在并只存在着两个零点.求实数 a 的取值范围.

解　由题意可知 $f'(x)=x^2-2(1+a)x+4a=(x-2)(x-2a)$,因为 $a>1$,则 $2<2a$,所以当 $x\in(-\infty,2)\cup(2a,+\infty)$ 的时候,$f'(x)>0$,所以函数 $f(x)$ 的单调递减区间为 $(2,2a)$,极大值为 $f(2)=28a-\dfrac{4}{3}>0$,极小值为 $f(2a)=\dfrac{4a(6-a)(a+3)}{3}$,根据这些我们可以很容易的推导出函数 $f(x)$ 的图像,其图形应该如图4及图5所示.

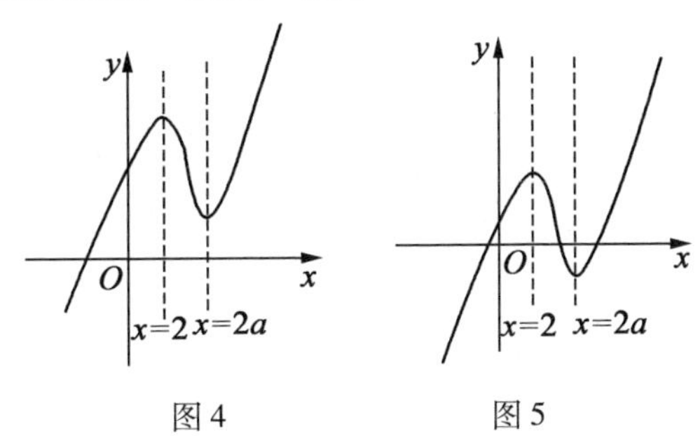

图4　　　　图5

想要使得函数 $f(x)$ 在 $(0,+\infty)$ 上存在且只存在两个零点,那么它的图像也就只能像图5当中所示的那样,根据这些我们可以求得

$$f(2a)=\frac{4a(6-a)(a+3)}{3}<0$$

也就是 $a>6$.

这个例题的解决方式就是充分利用导数工具,对没有做过处理的原始函数直接做出函数性质的分析,利用其具体的特性进行细致的描绘,作出函数草图,接着通过草图的具体走势来对零点所处的位置进行

深入的分析. 在解决熟悉的函数比如三次函数,二次函数等;又或是导函数的解析式相对容易的函数零点问题,利用这种方案进行解答时就会显得十分方便,效率明显.

(二)一分为二,巧妙化解难点

例 2 试判断函数 $f(x)=\frac{\ln x}{x}-x^2+2ex+m$ 的零点的个数.

解 想要解析出函数 $f(x)$ 的零点个数,那么只需要分析函数 $g(x)=\frac{\ln x}{x}(x>0)$ 和 $h(x)=x^2-2ex-m$ $(x>0)$ 的图形中存在的交点有多少个即可. 接下来我们通过分析 $g(x)$ 的特征来拟出它的草图. 由于 $g'(x)=\frac{1-\ln x}{x^2}>0$,解得 $0<x<e$,所以函数 $g(x)$ 在 $(0,e)$ 上单调递增,在 $(e,+\infty)$ 上单调递减,且 $g(e)=\frac{1}{e}$, $\lim\limits_{x\to 0^+}g(x)=-\infty$, $\lim\limits_{x\to+\infty}g(x)=0$. 在同一个坐标系内作出 $g(x)$ 和 $h(x)$ 的图像如图 6 所示.

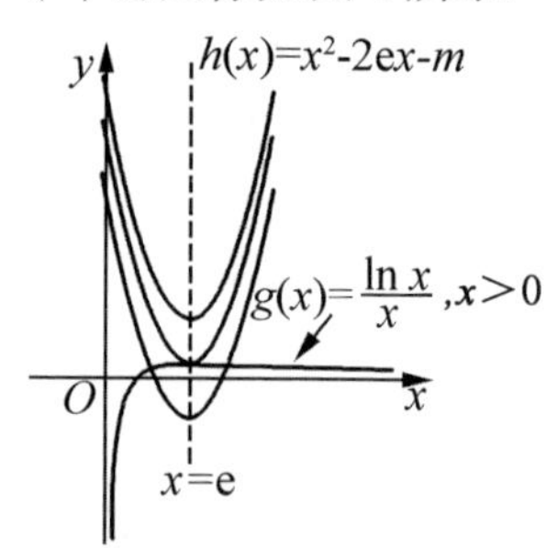

图 6

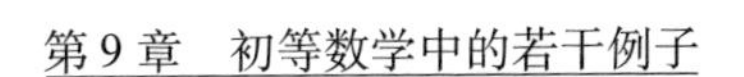

由图像我们可以得知:(1)当 $h(x)$ 恰好经过点 $\left(e,\frac{1}{e}\right)$ 时,也就是 $m=-e^2-\frac{1}{e}$ 的时候,函数 $f(x)$ 只有一个零点;(2)当 $m<-e^2-\frac{1}{e}$ 时,函数 $f(x)$ 不存在零点;(3)当 $m>-e^2-\frac{1}{e}$,函数 $f(x)$ 存在两个零点.

对于这种难以用导数工具来细致分解其具体特征的函数 $F(x)$,我们在处理它的零点问题时,往往都会将 $F(x)$ 分化成两个比较简单的函数,也就是 $F(x)=f(x)-g(x)$,利用 $f(x)$ 和 $g(x)$ 的图像之间的交点来求解 $F(x)$ 的零点,这种方法有效地克服了直接求解 $F(x)$ 零点所引起的技术方面的难点.

(三)将参数进行分离,巧妙地解决零点问题

例3 函数 $f(x)=x^2-2a\ln x(a\in\mathbf{R}$ 且 $a>0)$,如果关于 x 的方程 $f(x)=2ax$ 存在两个相异的实根,求 a 的取值范围.

解 方程 $f(x)=2ax$ 即为 $2a(x+\ln x)=x^2$,这当中的 $x>0$. 又因为 $a>0$,因此我们能够将问题转变为 $\frac{1}{2a}=\frac{1}{x}+\frac{\ln x}{x^2}$ 在 $(0,+\infty)$ 上存在着两个不相等的实根,也就是函数 $g(x)=\frac{1}{x}+\frac{\ln x}{x^2}(x>0)$ 的图像和直线 $y=\frac{1}{2a}$ 存在着两个不同的交点,因此我们先画函数 $g(x)=\frac{1}{x}+\frac{\ln x}{x^2}(x>0)$ 的图像.

因为 $g'(x)=\frac{1-x}{x^3}-\frac{2\ln x}{x^3}$,令 $h(x)=-x+1-2\ln x$,

$h'(x)=-1-\frac{2}{x}<0$,所以 $h(x)$ 在$(0,+\infty)$单调递减,而且 $h(1)=0$,所以当 $x\in(0,1)$时,$h(x)>0,g'(x)>0$;

当 $x\in(1,+\infty)$时,$h(x)<0;g'(x)<0$,从而 $g(x)$ 的单调递增区间为$(0,1)$,单调递减区间为$(1,+\infty)$,又 $\lim\limits_{x\to0^+}g(x)=-\infty$,$\lim\limits_{x\to+\infty}g(x)=0,g(1)=1$,则 $g(x)$ 的图像大体上就像图 7 当中所示的那样.我们在图 7 中可以知道,想要让函数 $g(x)=\frac{1}{x}+\frac{\ln x}{x^2}(x>0)$ 的图像与直线 $y=\frac{1}{2a}$ 有两个不相同的交点,则 $\frac{1}{2a}\in(0,1)$,也就是说,所求得的实数 a 的取值范围为 $\left(\frac{1}{2},+\infty\right)$.

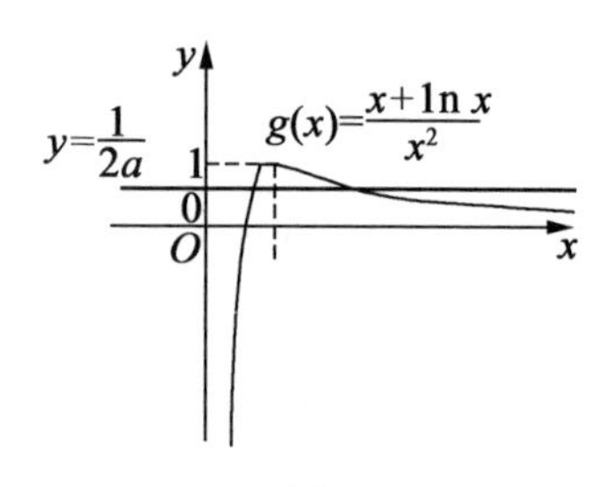

图 7

我们利用原始函数当中的变参量进行分解后使它变形成了 $g(a)=h(x)$,这样一来原始函数的零点问题便成了与 x 轴平行的直线 $y=g(a)$ 和函数 $h(x)$ 图像的交点问题,而针对这个例题的求解其实在技术上并没有多大的难处,所以问题很轻易的就被解决

了.我们利用这种方法求解零点问题可以有效的回避掉参数取值的复杂问题,形象清晰,并且一目了然.

2. 分出类别进行深入探究

例4　已知函数$f(x)=(2-a)(x-1)-2\ln x$,$g(x)=xe^{1-x}(a\in\mathbf{R})$,若对任意的$x_0\in(0,e]$,在$(0,e]$上总存在两个不同的$x_i$,$i=1,2$,使得$f(x_i)=g(x_0)$成立,求实数$a$的取值范围.

解　令$b=g(x)=xe^{1-x}$,$x\in(0,e]$,由于$g'(x)=e^{1-x}-xe^{1-x}=e^{1-x}(1-x)$,则$g(x)$在$(0,1)$上单调递增,在$(1,e]$上单调递减,且$g(0)=0$,$g(1)=1$,$g(e)=e^{2-e}$,故$b=g(x)\in(0,1]$,所以原问题转化为:对任意的$b\in(0,1]$,方程$f(x)=b$在$(0,e]$总有两个不同的实根,显然函数$f(x)=b$在$(0,e]$上不可能为单调函数,否则方程$f(x)=b$在$(0,e]$上至多有一个零点.下面我们对函数$f(x)$在$(0,e]$的性质做一探究.

由于$f'(x)=(2-a)-\dfrac{2}{x}=\dfrac{(2-a)x-2}{x}$,下面对$a$的不同取值进行讨论:

(1)当$a\geqslant 2$时,函数$f'(x)<0$,故函数$f(x)$在$(0,e]$上为单调减函数,与题意不符;

(2)当$a<2$时,$f'(x)>0$,解得$x>\dfrac{2}{2-a}$,为了使函数$f(x)$在$(0,e]$上不单调,那么只需$\dfrac{2}{2-a}<e$,也就是$a<2-\dfrac{2}{e}$.

由此函数$f(x)$在$\left(0,2-\dfrac{2}{e}\right]$上单调递减,在

$\left(2-\frac{2}{e},e\right]$上单调递增，考虑到$\lim\limits_{x\to 0^+}f(x)=+\infty$，要使得对任意的$b\in(0,1]$，方程$f(x)=b$在$(0,e]$总有两个不同的实根，那么就只需要函数$f(x)$在$x=\frac{2}{2-a}$处的值不大于0，在$x=e$处的值不小于1，但由于$f\left(\frac{2}{2-a}\right)\leqslant f(1)=0$，故只需$f(e)\geqslant 1$，即得$a\leqslant 2-\frac{3}{e-1}$.

结合以上的论述我们可以得知，当一切条件都满足，实数a的取值范围为$a\leqslant 2-\frac{3}{e-1}$. 分类进行探究一直以来都是我们处理函数含参问题最常用的策略，具有参数的零点问题也不例外. 如果我们没有利用等价转换的办法将原问题有效的变为比较简单容易解决的问题的时候，我们就只能够根据题设要求合理地对参数的取值进行分类，并且逐一地对每一种可能的情况进行仔细研究计算和求解. 利用该策略求解一般要求我们能深思熟虑，严而不漏，对培养我们思维的严密性很有好处.

§5　两道自主招生与竞赛试题

1. 选择零点式解题

例1　(2014年"北约"自主招生考试第8题)已

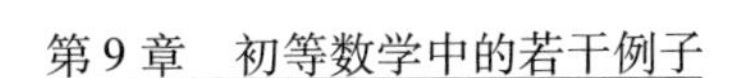

知实系数二次函数$f(x)$与$g(x)$满足$3f(x)+g(x)=0$和$f(x)-g(x)=0$都有双重实根，如果已知$f(x)=0$有两个不同实根，求证$g(x)=0$没有实根.

分析　解题贵在一设，由于本题的题设与目标都与二次方程的根有关，因此选择二次函数的零点式，即设$3f(x)+g(x)=a_1(x-b_1)^2$，$f(x)-g(x)=a_2(x-b_2)^2$，其中$a_1\neq 0$，$a_2\neq 0$，求得$f(x)=\frac{1}{4}[a_1(x-b_1)^2+a_2(x-b_2)^2]$. 因$f(x)$有两个不同的实根，故$a_1$，$a_2$异号，且$a_1+a_2\neq 0$，$b_1\neq b_2$，$g(x)=\frac{1}{4}[a_1(x-b_1)^2-3a_2(x-b_2)^2]$，此时$a_1$，$-3a_2$同号，且$a_1-3a_2\neq 0$，$b_1\neq b_2$，故$g(x)$恒正或恒负，即$g(x)=0$没有实根.

点评　本题的背景为高等数学中函数的零点. 对于多数中学生而言，函数的这一特性仅停留在解方程和对图像的直观认识上，中学教材中并没有出现这类证明题，因而具有一定的新颖性. 但依照目前高中学生的认知水平，确立好解题目标，合理选择形式，并加以演算推理，完全可以达到证题的目的.

2. 构造函数，利用函数零点存在定理解题

例2　(2015年“新华杯”数学竞赛)设在单位圆周内有2 014个点$P_1,P_2,\cdots,P_{2\,014}$. 求证：在此单位圆所在的平面上一定存在一点$P$，使得$\sum\limits_{i=1}^{2\,014}|PP_i|=2\,015$.

证明　不妨设单位圆的圆心为原点$O(0,0)$，设$P_i(x_i,y_i)(i=1,2,\cdots,2\,014)$，令$P(x,0)$，记

$$f(x) = \sum_{i=1}^{2\,014} |PP_i| = \sum_{i=1}^{2\,014} \sqrt{(x - x_i)^2 + y_i^2}$$

显然$f(x)$是 **R** 上的连续函数.

由题设可知

$$|OP_i| < 1 \quad (i = 1, 2, \cdots, 2\,014)$$

所以

$$f(0) < 1 \times 2\,014 = 2\,014 < 2\,015 \tag{3}$$

另外,因为以 $r = 11$,坐标原点 O 为圆心的圆周上任意一点到$P_i(i = 1,2,\cdots,2\,014)$的距离都不小于10,所以

$$f(11) \geqslant 10 \times 2\,014 = 20\,140 > 2\,015 \tag{4}$$

因为$f(x) - 2\,015$ 是区间$[0,11]$上的连续函数,且由式(3)和(4)可得

$$[f(0) - 2\,015][f(11) - 2\,015] < 0$$

因此,由零点存在定理可知

$$\exists x_0 \in (0, 11)$$

使得

$$f(x_0) = 2\,015$$

即在该单位圆所在的平面上存在一点 $P(x_0, 0)$,使得

$$\sum_{i=1}^{2\,014} |PP_i| = 2\,015$$